長城繪

INFO-GRAPHICS OF THE GREAT WALL

帝都繪工作室
——著

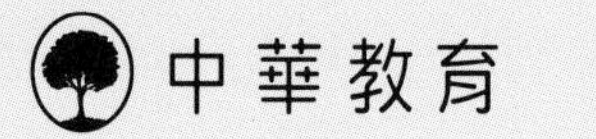

推薦序

6月，中國文物保護基金會邀請我為《長城繪》寫推薦序，拿到書後細細翻閱，感慨良多。早在國家文物局任職期間，我便主持了長城資源調查工作，深知長城資源的調查與認定情況之複雜，任務之艱辛，是世界未有之先例。就在 2011 年啟動認定工作後不久，我調離國家文物局，前往故宮博物院就職。八年過去，往事仍歷歷在目。

作為同批列入《世界遺產名錄》的文化遺產，故宮和長城在國際上都有很高的知名度。長城歷史悠久，體量巨大，分佈範圍廣。如果說故宮在地圖上是一個點，那長城就是一條線，層層守護中華傳統文化的線。但這條線並不是阻隔，而是經濟、軍事、文化交流的窗口，是建築、藝術、文化意識的展現。它就像是一根長長的線，將所經之處的一片片區域聯繫在了一起，將不同的民族和文化元素融合在了一起，形成了以長城為中心的獨特的長城文化。

長城的功能從古至今一直在變化，它既是軍事防禦工程，又是居住屯墾的區域，還是經濟往來的中心，如今的它是世界文化遺產、是旅遊文化景區、是民族精神載體。因此我們對長城的認識也不能局限於過去，更要着眼當下，放眼未來！

黨中央、國務院一直以來十分重視長城保護工作。2016年，鑒於長城保護狀況的複雜性，國家文物局對社會開放了長城保護修繕的大門，長城保護進入到社會力量參與的新階段，中國文物保護基金會和騰訊公益慈善基金會基於此攜手踏上社會力量參與長城保護的探索之路。

長城不同於故宮，它地處偏遠，分佈環境艱險，保存狀況岌岌可危。長城距離公眾是如此遙遠，因此，長城故事的講述就成為了「讓長城活起來」的重要方式，是拉近公眾和長城的距離，用更生動的方式欣賞、感知長城的新的傳播手段。

說起長城，既具體又抽象。為甚麼這麼說呢？一提到長城，大家想到的是八達嶺，是「不到長城非好漢」……其實，長城是一個龐然大物，地跨南北，上下千年，才成為今天我們所看到的縱橫萬里的長城。

長城的歷史和現狀，一兩節課說不清，三四本書講不完，紛繁浩雜的信息分佈在歷朝歷代的各類文獻中。如何讓公眾更加方便地了解長城，將「高冷」的長城保護轉變為「接地氣」的公眾參與活動，成為中國文物保護基金會和騰訊公益慈善基金會都在思考的問題。2019年，《長城繪》在這樣的背景下，在一羣熱心長城保護、專注於圖解科普的年輕人手中誕生了。

《長城繪》是一本非常有誠意的作品，信息豐富、繪圖嚴謹，立足於長城的基本情況，系統地梳理了長城的歷史、地理、文化、經濟、軍事、民族、交流、保護、旅遊等方方面面的小知識，而且內容信息都是專家組多方論證審核，查閱了眾多資料後呈現出來的，可以毫不誇張地說，這是一本圖文並茂的長城小百科。書中包含長城保護工作的一手資料，確保信息的科學和準確，新穎獨特的設計方式也讓信息的呈現更加科學化、體系化。

近年來，我一直在故宮博物院工作，走遍故宮的每個角落，熟悉這裏的一草一木，故宮所蘊含的文化內涵深厚廣博，是中國傳統文化的豐富積澱。講好故宮故事，是我們文化自信的體現。為了將故宮所蘊含的傳統文化展示給公眾，讓故宮文化活起來，故宮博物院在文物修復、陳列展覽、數字應用、公眾教育、文化創意等多個方面都做了積極的探索與嘗試。

故宮博物院的工作實踐使我認識到，甚麼是理想的文化遺產保護，不是把文物鎖在庫房裏，死看硬守才是理想的保護狀態。而應讓文物重新回到人們的社會生活中，當人們感受到文化遺產對於現實生活的意義，才會傾心保護文化遺產，文化遺產才會擁有魅力、擁有尊嚴，有魅力和尊嚴的文化遺產才能成為促進社會發展的積極力量，才能惠及更多的社會民眾，才會有更多的民眾投身於文化遺產保護。這才是文化遺產保護的良性循環。

因此，文化遺產保護不應是各級政府的專利，不僅是部門的、行業的、系統的工作，還是每個人都應該擁有的權利和義務。讓文化遺產重回社會生活，讓廣大民眾獲得保護的知情權、參與權、監督權、收益權，文化遺產才能得到更好的保護，故宮保護如此，長城保護也如此。

最後，希望大家能通過《長城繪》了解長城、熱愛長城並參與到長城保護中來。長城正在風雨中逐漸消失，長城保護工作越發迫切，僅依靠政府的力量遠遠不夠，廣泛的社會參與終將成為長城繼續存在的重要保障。我號召大家加入長城保護中來，成為長城保護工作中的一環。曾經有千千萬萬塊磚石匯聚成8851.8千米的明長城，如今也將會有千千萬萬的人加入到長城保護事業中，助力萬里長城的延續。

長城保護需要青年人去關注與支持，成長為未來長城保護的中堅力量！

單霽翔

2019年8月

序二——長城，歷史的連接

2017年春，我和同事一起爬上了北京的箭扣長城。這是戶外運動愛好者非常喜歡的一段「野長城」，險峻處需要手腳並用才能攀爬過去。作為一個在南方長大的中國人，我第一次如此近距離地感受到古老長城的生命力：深沉、壯闊、堅韌。回來之後，碰到沒有去過長城的朋友，我都會推薦他們一定要去看看，親身感受一下。

如果沒有上世紀80年代那場「愛我中華 修我長城」的全民行動，許多長城段可能已因缺乏保護而化為廢墟。在攀登箭扣的過程中，我和幾位同事一直在討論修復「野長城」的難度和方式，特別是如何讓每一個中國人尤其年輕人都能夠跟長城建立起「連接」。記得當時我們還「腦暴」出很多形式：比如虛擬捐磚立碑、明星組隊、家庭紀念、企業贊助，甚至在長城現場掃碼可以掃出捐贈者的心願……

過去幾年，我們一直在思考和探索在數字時代如何保護與傳承傳統文化。2016年7月，騰訊與故宮開始合作並進行全方位的嘗試，希望600歲的故宮成為越來越多年輕人喜愛的傳統文化IP。單霽翔院長說，故宮是一個點，長城是一條線，層層守護中國傳統文化的線。事實上，我們的行動也在從點到線逐步展開。2016年9月，騰訊公益慈善基金會與中國文物保護基金會聯合發起了長城保護項目——「保護長城，加我一個」。

今天，以騰訊為代表的互聯網與科技公司，正在致力於連接人與人、人與物、人與服務，為人們構建起龐大的數字網絡，讓日常生活與現代文化交流更加便捷。今天數字生活的根基，不但需要數字技術，更依賴文化信念。只有讓歷史文化與數字文化兩張網絡緊密連接，我們的數字生活才不會成為無源之水，無本之木。

可能有人以為長城僅僅是一道用於軍事防禦的圍牆，實際上長城更是一條交織着地理、歷史、文化內涵的重要連接。從地理上看，長城連接着從東部沿海到西部內陸幾千公里國土；從歷史上看，長城連接着上下兩千餘年，見證和伴隨了中華民族的歷史更替和榮辱變遷；從文化上看，它是農耕與遊牧兩種文明之間的連接，是不同民族與文化不斷碰撞、交流和融合的地帶，同時護衛着絲綢之路這條古代東西方經濟文化交流的大動脈。可以說，長城是民族記憶穿越時空的有形載體和文化符號，是中國歷史文化網絡中一個極其重要的樞紐節點。

今年八月，習近平總書記在嘉峪關考察時特別提到，長城是中華民族的重要象徵，是中華民族精神的重要標誌，我們一定要重視歷史文化保護傳承，保護好中華民族精神生生不息的根脈。

「保護長城，加我一個」項目作為保護長城的具體實踐，讓騰訊與社會各界攜手開始了很多新探索。目前，騰訊認領的「鷹飛倒仰」至「北京結」段箭扣長城的修繕工作已順利完工，喜峯口修繕項目正在進行。除了保護長城的物質形態，我們還借助數字技術和網絡平台來「激活」長城的文化精神。我們相信，年輕一代是守護和傳承傳統文化的中堅力量。只有作為「數字原住民」的年輕人越來越多地參與到傳統文化的保護與傳承中來，才能讓我們的歷史與未來緊密連接。

我們鼓勵年輕人用自己喜愛的方式講好長城故事，借助騰訊平台上的動漫、音樂、影視、遊戲等內容形式，把長城背後的地理、歷史、建築、文化、藝術、生態等生動而富有創意地呈現出來。於是，大家看到了長城小兵的卡通形象、微信上的長城小遊戲、長城修繕的紀錄片……兼具知識性與趣味性的《長城繪》正是這些創新成果中的一項。這份耗時一年的誠意之作，上市後深受好評，此次加印希望能讓更多讀者喜愛。

我們還將繼續行動。因為「科技向善」也意味着：用科技更好地保護與傳承傳統文化，讓文化與科技比翼雙飛。

馬化騰

2019年12月

前言

長城，無疑是中國知名度最高的代表形象之一，差不多每一個中國人都知道長城，許多人還去過——比如八達嶺、山海關……所以，順理成章地，我們會以為長城就是青磚壘砌的城垛敵樓，但事實是，超過 99% 的長城並不是那樣；我們會以為長城是一條線，沿着它可以一路從山海關走到嘉峪關，但事實是，長城遠不止一條線，而更像一個面，北達內蒙古和東三省，南邊甚至到了河南境內；我們會以為長城是一處戰場，乃至設想攻防雙方的激戰場面，但事實是，在兩千多年的歷史長河中，多數時候長城上沒怎麼打過仗……

恰恰是這些各式各樣的誤解和模糊認識，促生了這本書。長城是甚麼？我們嘗試着認真回答這個問題。與研究長城的多位專家一起，我們在書中呈現了屬於不同領域但都與長城密切相關的大量信息，希望通過這部作品，能夠幫助你了解一個真實、完整的長城。

而當我們意識到自己在做一本面向當代讀者的長城科普讀物時，另一個問題又產生了。只解釋「長城是甚麼」並不足夠，考慮到長城建造和使用的年代如此久遠，一個更根本的問題似乎是：對於今天的我們來說，長城是甚麼？旅遊景點？恐怕不止如此。文化象徵？又顯得過於抽象。那麼，還有甚麼別的嗎？

我們相信是有的。

在繪製這本書的過程中，我們經常會用到衛星影像。這些俯瞰大地的照片記錄下了很多令人印象深刻的景觀。比如，在寧夏、甘肅的一些地區可以明顯看到，建於明代甚至更早時期的長城，如今仍然是一條分界線，它的南邊是油綠的農田，北邊則是金黃的沙漠。再比如，當我們一座一座地搜尋明代的長城城堡時，總會看到新的鄉鎮，甚至城市，就像老樹上的新枝葉一樣，以幾百年前的城堡舊址為中心，綻放開來。中國很大，你所在的地方可能與長城相隔甚遠，但在你的身邊，總會有那麼一些以長城命名的東西，比如中國人民解放軍常被稱為「鋼鐵長城」。你能想到自己在內地麥當勞吃的炸薯條就是「長城牌」的嗎？而它只是四千多個含有「長城」字樣的商標中的一個。

這些事實都表明，直至今日，長城與我們的生活仍存有千絲萬縷的聯繫。在這本書中，我們也總是試圖從當下的視角看待長城。於是，「長城是甚麼」被歸納成了六個名詞——奇跡、牆垣、前線、家園、圖騰和文物。「奇跡」是總說，有關長城的一些基本問題將在那裏出現；「牆垣」是從建築的角度，解析長城的物質實體；「前線」是關於長城最根本的軍事防禦功能，這部分的內容主要是基於古代；「家園」闡釋了從古至今，人類和動植物是怎樣在長城旁生活的；「圖騰」是關於文化的，展示了長城在多個語境下的不同含義；「文物」則探討了長城在當下是如何被保護和利用的。

長城這個概念所承載的信息十分豐富，本書只能展示它的冰山一角，這也是為甚麼我們在書後比較詳細地列出了每一張圖的參考資料，可以作為你擴展閱讀的線索。我們也盡最大努力，希望確保書中的內容準確，但或許依舊無法避免出現紕漏以及存在爭議的內容，懇請讀者不吝指正。最後，同樣是因為在空間和時間上的跨度之廣，長城本身仍有很多的未解之謎，而保護長城的工作也存在不少空白需要填補。如果本書可以激發更多人熱愛、關注長城，乃至參與到長城的研究和保護中來，那將是我們莫大的榮幸。

帝都繪工作室

目錄

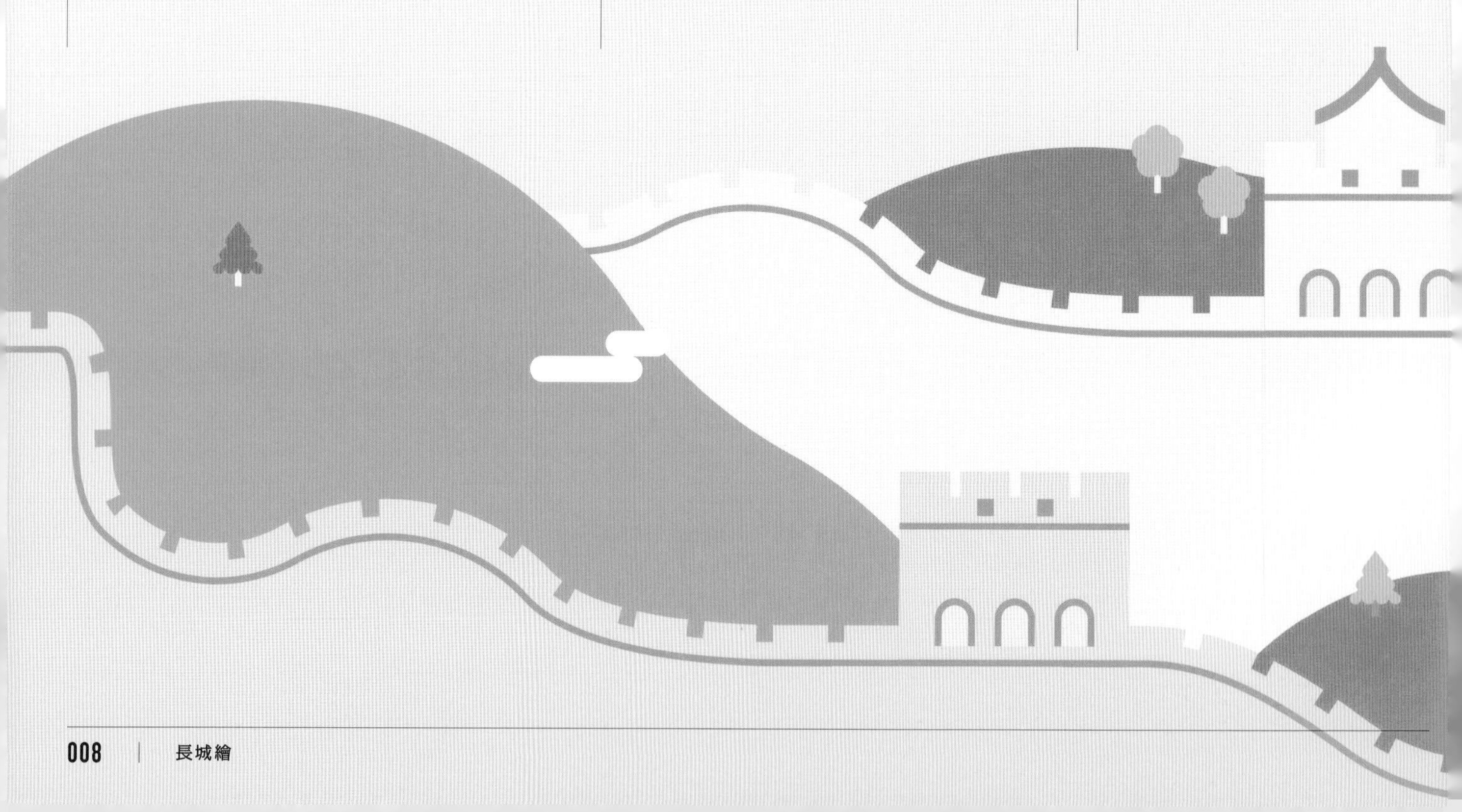

關於長城的快速問答

在開始正式閱讀之前，我們為你準備了一些關於長城的或基本或冷門的問題，以及相應的解答。就把這當做是熱身吧！

問｜**「不到長城非好漢」最早是誰說的？**

答｜毛澤東。他在 1953 年寫下了《清平樂·六盤山》，全詞為：

天高雲淡，望斷南飛雁。
不到長城非好漢，屈指行程二萬。
六盤山上高峯，紅旗漫捲西風。
今日長纓在手，何時縛住蒼龍？

問｜**長城到底有多長？**

答｜中國境內已認定的歷代長城的總長度是 21196.18 千米，這是國家文物局在為期六年的調查統計之後，於 2012 年公佈的數字。

問｜**長城是甚麼時候修建的？**

答｜中國歷史上的許多朝代都修建過長城，其中的幾個建造高峯出現在戰國時期、秦代、漢代、南北朝時期、金代和明代。有專家認為，歷史文獻記載的公元前 7 世紀，春秋時期楚國修建的「方城」是最早的長城。如今人們最常參觀的長城大多是明代修建的。

問｜**在月球上能看到長城嗎？**

答｜「長城是在月球上唯一可以用肉眼看到的人造物」可能是有關長城被傳播得最廣泛的一則謠言。事實上，這種說法最初出現在英國考古學家威廉·斯蒂克利寫於 1754 年的一封信裏——那時距離人類第一次登上月球還有 215 年之久。不僅在月球上看不到，即便是在大多數衛星和空間站所在的近地軌道上，長城也未必可以被看到。2003 年乘「神舟五號」飛船進入太空的中國首位航天員楊利偉也明確表示在太空中並沒有看到長城。畢竟，儘管長城很長，但寬度甚至還不及一條雙車道的普通馬路。

問｜**有哪些很重要的戰役是在長城打的？**

答｜在長城很少發生大規模的戰役，這是因為攻堅戰對遊牧民族來說並不划算。為數不多的重要戰役都發生在關口或長城沿線的城堡，比如 1449 年發生在土木堡的「土木之變」和 1644 年發生在九門口的「一片石之戰」。在抗日戰爭期間，1933 年的「長城戰役」和 1937 年的「南口戰役」「忻口戰役」，則是近代以來長城上最重要的幾次戰役。

問｜**哪個省的長城最多？**

答｜可能會讓你感到意外——內蒙古自治區。內蒙古自治區的長城資源佔全國的近三分之一。其中很多是一種我們並不太熟悉的長城類型——金界壕。

問｜**甚麼是「野長城」？**

答｜野長城的「野」是指地處偏遠、殘破的、未經修繕的長城段落，因充滿野趣而代指。是相對於已修繕或已開發為景區的長城段落而言。各地區各級政府、文物主管部門對「野」長城都是有保護管理的職責。

問｜**為甚麼修長城？**

答｜長城最初是用來標誌政權的邊界，後來則逐漸發展出了軍事防禦功能。因為長城位於國界附近，它還逐漸發展出邊境管理、貿易、稅收等功能。

問｜**山海關和嘉峪關是長城的起點和終點嗎？**

答｜不是。至今在我國境內發現的長城遺跡，西至新疆維吾爾自治區西端，比嘉峪關還要往西約 2000 千米，東至鴨綠江西岸，比山海關還要往東 1000 千米。如果只考慮明代修建的長城，那麼嘉峪關基本可以被理解為長城位於西邊的終點，不過最東邊應是丹東的虎山長城，而不是山海關。

問｜**長城是用甚麼建成的？**

答｜古代修建長城時往往就地取材，常用的建材及相應的建造方法包括：土（夯土、土坯）、石（乾壘、土石混築）、磚（包磚砌築）、植物枝幹（紅柳夾沙）等。除了這些主要材料，還會用到作為黏合劑的石灰，以及用於牆體表面處理的草泥灰等輔助材料。

問｜**長城就是一堵牆嗎？**

答｜準確地說，長城是一套綜合的防禦體系，而不僅僅是一堵牆。首先，長城的城牆不止有一堵，在山西境內，僅明長城從外至內就有四道城牆；而且，長城也不只是牆，從以邊牆和城堡為代表的防禦和屯兵系統，到以烽火台、驛道為代表的軍情系統，再到以屯田、市場為代表的後勤保障系統，這些複合在一起，才構成了完整的長城。

問｜**長城是由誰修建的？**

答｜長城建造工程一般由軍民協力完成，其中「軍」主要是長城周邊駐紮的軍兵，「民」則主要是徵調或僱傭的民夫。在明代，施工隊伍中包括了泥水匠、石匠、磚窯匠、木匠等，在他們之上，還有催工、管工、監工、督工等人員負責分級管理。

問｜**旅遊高峯時的遊客潮會把長城壓塌嗎？**

答｜遊客數量較多、長期踩踏會造成長城的局部坍塌，比如北京箭扣長城，在未修繕前因遊客踩踏導致部分區域產生坍塌。所以在《長城保護條例》中，明確禁止「有組織地在未闢為參觀遊覽區的長城段落舉行活動」，就是為了保護遊客的安全，同時保護長城的安全。

問｜**傳遞烽火的煙為甚麼叫「狼煙」？**

答｜因為是用狼糞燒出來的煙嗎？並不是，記載烽火規則的古代官方文獻中都沒有提到狼糞這種材料，而如今通過考古方法也都沒有在烽火台遺址附近發現過狼糞。事實上，現在已知的「狼煙」一次最早是出現在詩文之中，所以「狼」字更可能是一種修辭，而不是指代用於燃燒的狼糞。

問｜**有沒有與長城有關的現代藝術？**

答｜以幾位國內外知名藝術家的作品為例——《為長城延長一萬米——為外星人所作的計劃》，蔡國強；《鬼打牆》，徐冰；《情人——長城》，瑪麗娜·阿布拉莫維奇；《奔跑的藩籬》，克里斯托和讓娜-克勞德等。

問｜**長城曾被攻破過嗎？**

答｜很多次。據明代王瓊撰寫的《北虜事跡》記載，僅陝西一帶的長城，在 1501–1529 年，就被蒙古人攻破了 14 次。

問｜**怎樣防止敵人從長城盡頭直接繞進來？**

答｜的確，再長的長城也會有個盡頭。為了避免敵人繞進來，長城往往會以天險——比如陡峭的山峯或湍急的河流作為盡頭，有時還會在這些地方建城堡或碼頭來增強防衛。

問｜**傳說中長城與年等降水量線的關係是怎樣的？**

答｜400 毫米年等降水量線是中國的一條地理分界線，它劃分了半濕潤氣候區和半乾旱氣候區，也劃分了農業文明和遊牧文明，作為農業文明與遊牧文明碰撞的產物的長城，與 400 毫米年等降水量線在一些地方有所重合。不過，它並不是嚴格的重合，而且，考慮到長城本身是有很多道的，自然也不可能每一道都重合。

問｜**長城都是漢民族修建的嗎？**

答｜歷史上，當北方遊牧民族和漁獵民族入主中原並建立王朝後，也經常會選擇建設長城，其中最典型的就是由鮮卑人建立的北魏，和由女真人建立的金朝。但金朝建設的界壕與長城，最終也沒擋住蒙古騎兵。

問｜**長城如今的保存狀況怎麼樣？**

答｜並不理想。在我國已知的 21030 多千米的長城中，只有約 2000 千米稱得上「保存情況較好」，而約 6500 千米的長城在地面上已經看不到物質遺存了。

問｜**世界上關於長城的第一部專著是？**

答｜1907 年，美國探險家威廉 · 埃德加 · 蓋洛從山海關出發；次年，他在嘉峪關完成了這一趟從東到西徒步長城的旅程。1909 年，他把這次經歷寫成了書——《中國長城》，這也是世界上第一部關於長城的專著。

問｜**古代在長城的外面就是「國外」嗎？**

答｜這種說法並不準確，長城並不是國界線，古代也並沒有國境線的說法。古代國家與國家之間的邊界，並不像今天的國界線那樣明確。以明朝為例，首先邊牆並不只有一層，即便是最外的一層「大邊」，它的外側也仍然有不少明朝的設施，比如烽火台、壕塹，甚至零星的耕地。而在長城內側，還設有一層「界石」，它的作用則主要是防止民眾離邊界太近。

問｜**長城現在都開發成景區了嗎？**

答｜根據 2016 年的一項統計，全國與長城有關的景區有 92 處——顯然，這只是長城所有資源中極小的一部分。

問｜**古代長城守軍主要使用哪些兵器？**

答｜明代之前，長城守軍主要使用的是以長矛、弓弩為代表的冷兵器，而在明代則開始大規模使用火器。在離京師最近的薊鎮，配備火器的比例甚至超過了一半。守城時，還會物盡其用地使用一些「非常規武器」，比如煮沸了的排泄物。

問｜**還存在沒有被發現的長城嗎？**

答｜儘管文物和測繪部門在 2006-2011 年間已經開展了一次全面的長城資源調查，但因為大量長城存在於偏遠地區，甚至被掩埋，所以極有可能還有更多長城等待我們去發現。有學者曾統計並計算了歷史文獻所記載的各朝代建造長城的總長度。比如今已認定的長城總長更長，從側面印證了還有更多的長城有待發現這一事實。

問｜**如今誰在管理長城？**

答｜根據《長城保護條例》，國務院文物主管部門應負責長城整體的保護管理工作，各地方政府及其文物主管部門則負責本區域內的長城保護和管理。對於已經開發為景區的長城段落，還有相關的旅遊管理機構。

問｜**長城會阻隔動物的遷徙嗎？**

答｜這方面的研究並不充足，但在清末民初的陝北地區曾爆發狼災，當時的文獻中有關於長城阻擋了狼羣蔓延的記載。

問｜**長城和絲綢之路有重合嗎？**

答｜漢代使節出使西域時，基本都是沿着秦漢長城的內側行進，所以在河西走廊和如今新疆境內，絲綢之路和長城有很多重合的部分。

問｜**古代修長城要花多少錢？**

答｜修建長城費錢費力。到了明代晚期，國庫虧空，甚至只能挪用官兵餉銀來維持長城的修築。不過，和派兵出關打仗相比，修長城還是便宜太多了。成化年間，延綏鎮巡撫曾算過一筆賬：在延綏鎮採取軍事行動，將耗銀 815.4 萬兩，而修築長城，只需要 50 萬兩！後來，朝廷也的確選擇了修築長城。

問｜**每年有多少人參觀長城？**

答｜2015 年一整年裏，有 832 萬人來到八達嶺長城參觀，平均每天 2.3 萬人。而在「十 · 一」黃金週，每天參觀八達嶺的遊客超過 6 萬人，而八達嶺長城景區設定的每日最大遊客承載量為 10.8 萬人。放眼全國，最火熱的長城旅遊市場無疑還是北京。其他城市的長城景區，以嘉峪關和山海關為例，2015 年全年接待的遊客都在 100 萬人左右。

問｜**孟姜女哭倒的是哪段長城？**

答｜主流的孟姜女傳說故事背景被設定在山海關，如今山海關附近有一座望夫石村，村旁還建有孟姜女廟，不過畢竟孟姜女是虛構的民間傳說，這些「遺跡」更像是後世附會的產物。另據學者研究，「孟姜女哭長城」也並非憑空捏造，而是有故事原型的，只不過這個原型——齊國大夫杞梁之妻哭夫的故事發生在戰國時期的山東，而且和長城並沒有甚麼關係。

問｜**長城會跨過河流嗎？**

答｜會，在長城與河流交錯時，往往會在長城上修築水門，這樣既可以使長城保持連續，又能使河流正常流動。但因為建築材料本身的特性，水門主要出現在明代建造的包磚長城上。遼寧省綏中縣的九門口是「水上長城」中最壯觀的一段。

問｜**修了長城以後，長城內外還有交流嗎？**

答｜位於長城兩側的農耕文明和遊牧文明，都擁有對方所需的資源，其中遊牧文明對農耕文明的依賴更強一些。在這個背景下，雙方的交流是自然產生的。建造長城並非是為了徹底阻斷交流，而是為了交流能夠有序地開展。長城沿線關口的貿易往來就是交流的主要形式。

問｜**建長城需要多少塊磚？**

答｜有學者曾對明代包磚長城的耗磚量做過一次估算，結論是：每 1 米的長城如果包磚，就需要 6000 塊左右的磚。如果考慮到敵台、烽火台等單體建築，則需要 9000 塊左右。

問｜**其他國家有長城嗎？**

答｜縱觀世界歷史，很多文明都在修築長城這件事上不謀而合。比如古羅馬帝國所修，如今位於英國境內的哈德良長城，以及薩珊王朝所修，如今位於伊朗境內的戈爾干長城，等等。

問｜**我可以為保護長城做些甚麼？**

答｜很多事情！比如文明地遊覽長城，加入長城保護志願團體，參與對長城修繕項目提供自主的互聯網眾籌，向你的親友介紹長城並鼓勵他們前往參觀，舉報你發現的破壞長城的違法行為，拍攝美麗的長城照片……當然，還有仔細閱讀這本書！

CHAPTER 1

MIRACLE

第一章 奇跡

我們通常把長城稱作「萬里長城」，因為在我們的印象中，長城很長。但這個數字到底是多少，沒有太多人知道。直到最近幾年，我們才第一次通過專業的測量知道它的長度——21196.18 千米。更形象地說，如果在地球的南極和北極之間直直地砌一堵牆，長城的長度比這堵牆還長一點點！

讓人驚歎的不只是長城在空間上的長度，還有修建它的時間跨度。從春秋戰國時期到明朝的悠悠兩千多年中，我們的先民持續不斷地為長城添磚加瓦，終成今日的人類奇跡之一。

那麼，長城的出現到底是為了甚麼？讓我們一起來解讀這一奇跡。

1.1 長城在哪裏

猜猜看：長城跨越了幾個省市自治區？

答案是15個。甚至可以說，我國通常理解的「北方」的所有省、自治區、直轄市都可以找到長城的痕跡。長城也不是我們想像中的一根「線」，而是一個巨大的區域，這是兩千多年來不斷營建積累的結果。

圖例

- 長城牆體
- 部分獨立於牆體的長城建築
- 部分出現在本書中的重要地點

寧夏青銅峽的明長城

寧夏回族自治區面積雖小，卻密集地分佈着多個朝代的長城。

內蒙古固陽的秦長城

內蒙古自治區擁有全國最豐富的長城資源，其中秦長城為蒙恬率軍所建，用石塊壘築而成。

新疆維吾爾自治區

玉門關

甘

嘉峪關

內

青

海

新疆庫車的烽燧

新疆維吾爾自治區儘管尚未確認發現長城牆體，卻豎立着上百座建於漢代和唐代的烽燧。這些烽燧均為土質，聳立千年而不倒。庫車縣的克孜爾尕哈烽燧，高達16米，令人過目難忘。

甘肅敦煌的玉門關

玉門關是西漢絲綢之路上通往西域的重要門戶，更因「春風不度玉門關」的詩句而聞名。基於漢簡記載，很多學者認為敦煌市西北的夯土城堡——小方盤城即是玉門關的遺址。

甘肅金塔的漢長城

戈壁上，受材料所限，只得就地取材，在黏結力差的沙礫中加入紅柳、蘆葦等本地植物，修築長城。如今，一些牆體的沙土被風吹散，留下層層樹枝。

青海貴德的烽火台

青海省的最東側也有一段明長城，它獨立於明長城的主線。它的建築基本都是夯土結構。

不只是「八達嶺」

說起長城，你腦海中出現的畫面很可能是以北京八達嶺長城為代表的，在崇山峻嶺間綿延起伏的明代磚長城的樣子。不過，我國絕大多數地區的長城並不是這樣的。本頁挑選了各地有代表性的長城景觀，一定比你想像的要豐富呢！

北京延慶的八達嶺

內蒙古和黑龍江的金界壕

為了防禦蒙古騎兵的入侵，金朝在如今的內蒙古自治區、黑龍江等地修建了數千千米，由壕溝和牆體組成的金界壕。由於年代久遠，如今在金界壕遺址上，我們只能看到延綿不絕的隆起的土坡。

山西大同的得勝堡

明代時，如今河北省和山西省的北部是京師最重要的防線，大量城堡星羅棋佈，得勝堡即其中之一。與山西的很多其它傳統建築一樣，得勝堡門樓的磚雕格外精緻，為粗獷堅固的堡壘增添了一分秀美。

區 黑 治 龍 江 吉 自 林 古 遼 寧 蒙 河 山 北 山 西 陝 西 東 河 南 肅 寧夏回族自治區 天津 北京

大境門 金山嶺 虎山 得勝堡 八達嶺 箭扣 黃崖關 山海關 老牛灣 紫荊關 雁門關 建安堡 鎮北台 橫城

遼寧綏中的九門口

為防止敵人在河流的枯水期順河道攻破長城，明代在河上修建了一座九孔的「城橋」。枯水期關閉橋洞禦敵，洪水期則打開橋洞泄洪。

河北秦皇島的山海關

山海關是明代東部的重要關隘，高大的牆體從山上延伸到海中，形成了雄壯的奇觀。不過，儘管它擁有「天下第一關」的美譽，卻不要誤以為它是長城的最東邊的起點哦。

山西榆林的鎮北台

鎮北台因明王朝與北方蒙古族的和平互市而建，總高近 30 米的高台用來監控旁邊市場內的情況。

河南南陽的楚長城

河南省境內已經發現了戰國時期趙國、魏國和楚國的長城，大多已非常殘破。其中楚長城是我國現存最南的長城，被當地人稱為「土龍」。

山東章丘的齊長城

如今發現的山東省境內的長城都來自戰國時的齊國。大部分長城遺址已經非常低矮，也有局部存有垛口的，學者推測為清代重修的部分。

其他的「長城」？

除了圖中所示的長城，在我國其他地方也發現了與長城相似的古代遺址，包括湖北省十堰市的古代長城遺跡、湖南湘西自治州的苗疆長城，以及遼寧省和吉林省的清代「柳條邊」等等。這些遺跡在我國的文物保護體系中尚未被認定為長城，但這不代表它們沒有保護價值。

1.2 萬里長城

長城到底有多長？

長城有多長？這個問題並沒有看上去那麼簡單。事實上，直到最近幾年才終於有人能比較明確地說出它的答案，這離不開人量調查工作的積累。

圖例

這樣一格表示 200km

兩個垛口之間表示 50km

紅色條帶表示不同年代的長城長度

綠色條帶表示不同省份的長城長度

藍色條帶表示不同保存狀態的長城長度

些標誌性物體的長度被列出作為參考

● 1318km
京滬高鐵的長度

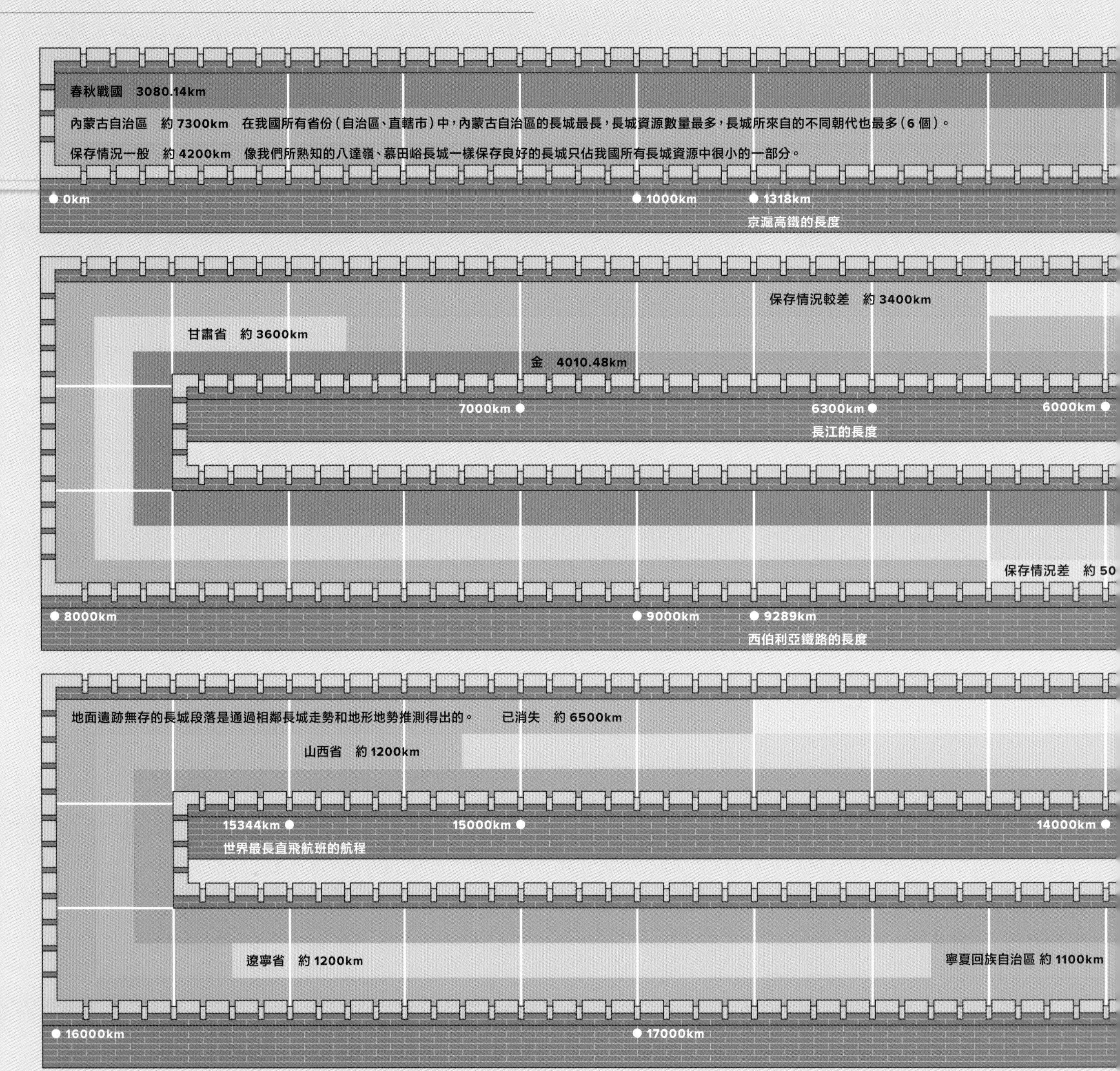

別人家的「長城」

除了中國，很多其它地方也通過興建長城來抵禦外敵。其中著名的包括古羅馬的哈德良長城、安東尼長城和日爾曼長城，以及伊朗薩珊王朝的戈爾干長城等等。但它們都遠遠短於中國的長城。

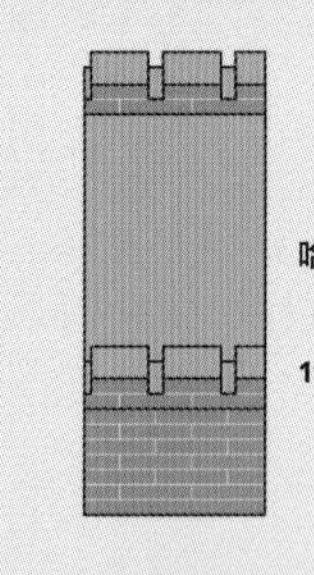

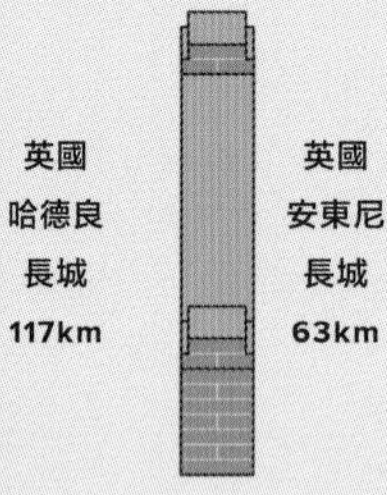

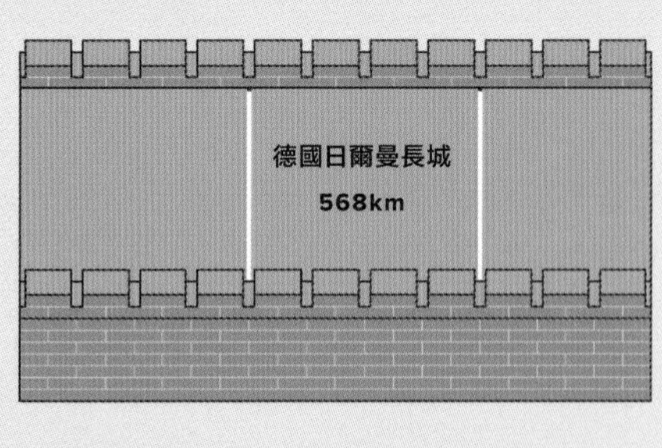

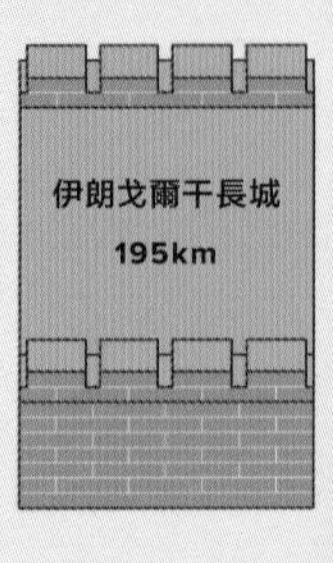

文量長城

測量長度肯定不是件輕鬆事。開始於 2006 年的「長城資源調查」，歷經 6 年，終於得出了一個結果。

1. 前期的準備工作

正式調查之前，先要做規範制定、試點測驗、人員培訓等準備工作。

2. 跋山涉水的調查

上千名專業人員用了 3 年半時間，完成了對長城全覆蓋的實地勘查。

3. 整理並統計資料

利用實地調研得到的海量數據，在電腦上進行識別、繪圖和測量。

4. 確認並發佈成果

專家們審核調查結果，認定各遺迹是否為長城資源以及它們的年代。

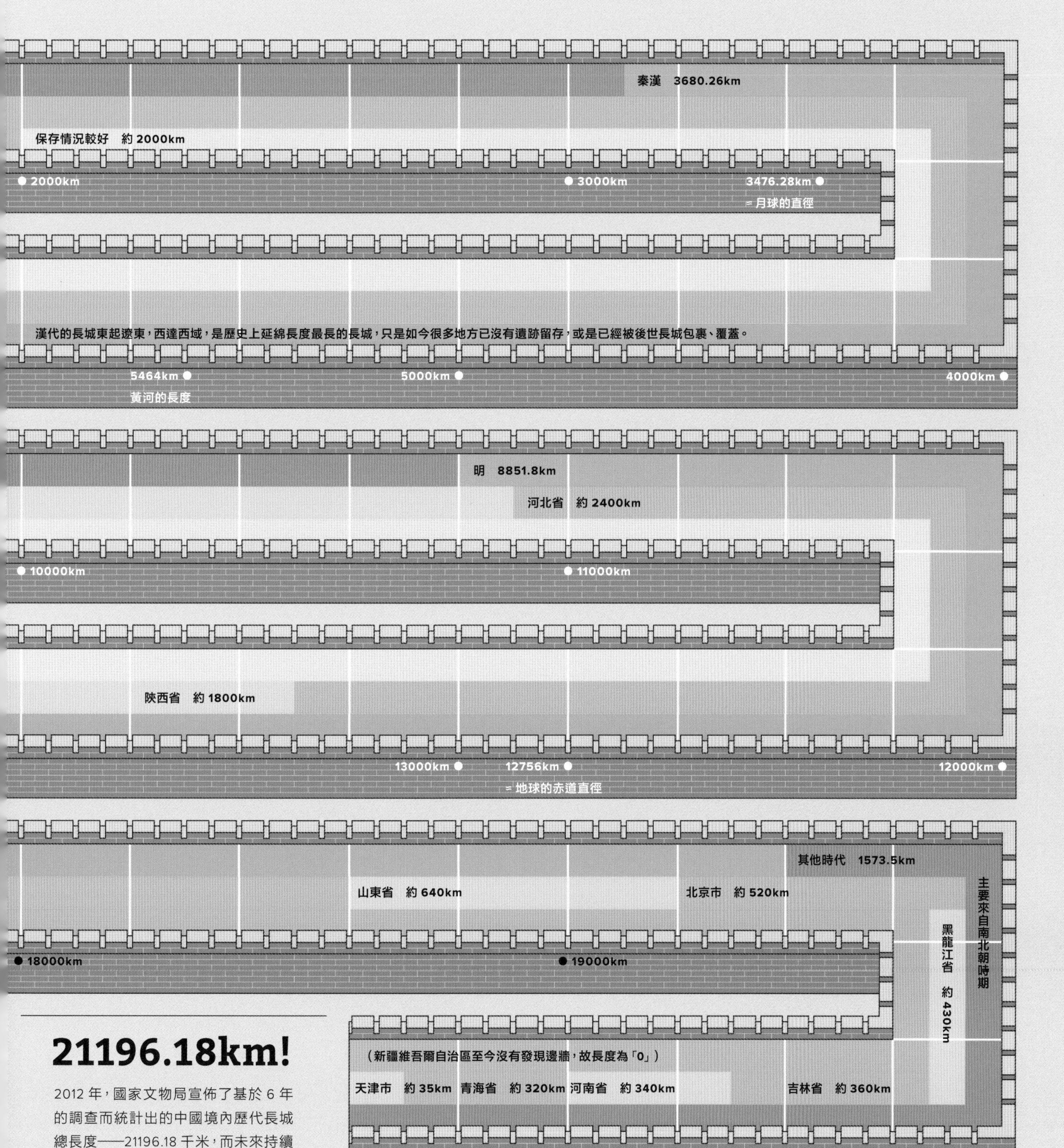

21196.18km!

2012 年，國家文物局宣佈了基於 6 年的調查而統計出的中國境內歷代長城總長度——21196.18 千米，而未來持續的調查工作可能還會讓這個數字增加。

1.3 長城沿線

現存的明長城有很多分叉，而且並不連續。為展示長城沿線連續的地理條件變化，我們沿着長城人為地畫了一條連續的線，作為本圖數據計算的基礎：

現存明代長城

本頁圖表所表現的連續的線

如果沿着長城從西走到東，你都會經歷甚麼？

1908年，探險家威廉·蓋洛完成了從山海關到嘉峪關的徒步考察，成為有記載的實現此舉的第一人。這段旅程一定很浪漫，但對你我來說，也過於艱辛，很難去親身體驗。所以這張圖希望用一些圖表向你展示，沿着明代的萬里長城，從最西端的嘉峪關到最東端的虎山，你所能經歷的。

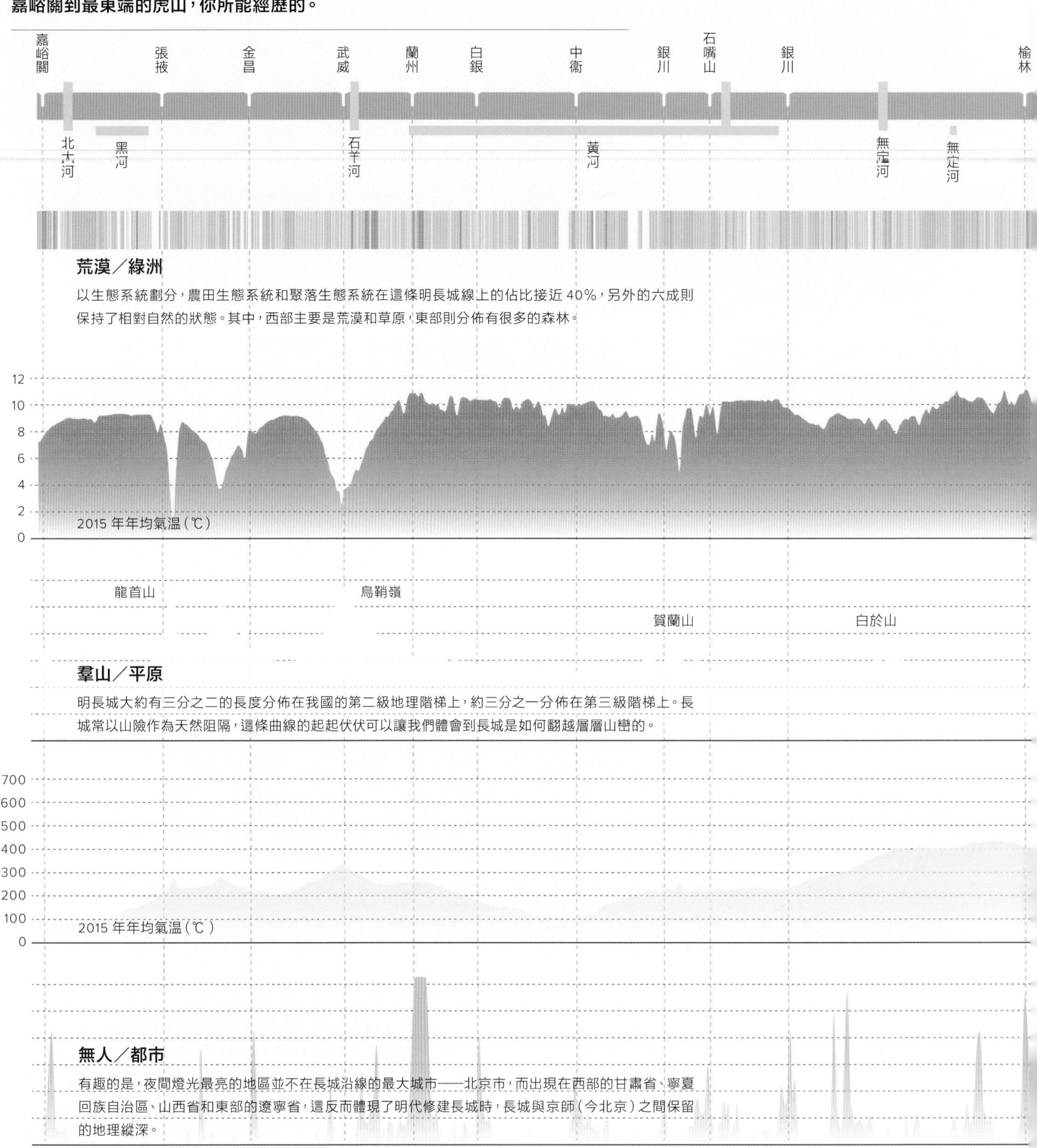

荒漠／綠洲

以生態系統劃分，農田生態系統和聚落生態系統在這條明長城線上的佔比接近 40%，另外的六成則保持了相對自然的狀態。其中，西部主要是荒漠和草原，東部則分佈有很多的森林。

羣山／平原

明長城大約有三分之二的長度分佈在我國的第二級地理階梯上，約三分之一分佈在第三級階梯上。長城常以山險作為天然阻隔，這條曲線的起起伏伏可以讓我們體會到長城是如何翻越層層山巒的。

無人／都市

有趣的是，夜間燈光最亮的地區並不在長城沿線的最大城市——北京市，而出現在西部的甘肅省、寧夏回族自治區、山西省和東部的遼寧省，這反而體現了明代修建長城時，長城與京師（今北京）之間保留的地理縱深。

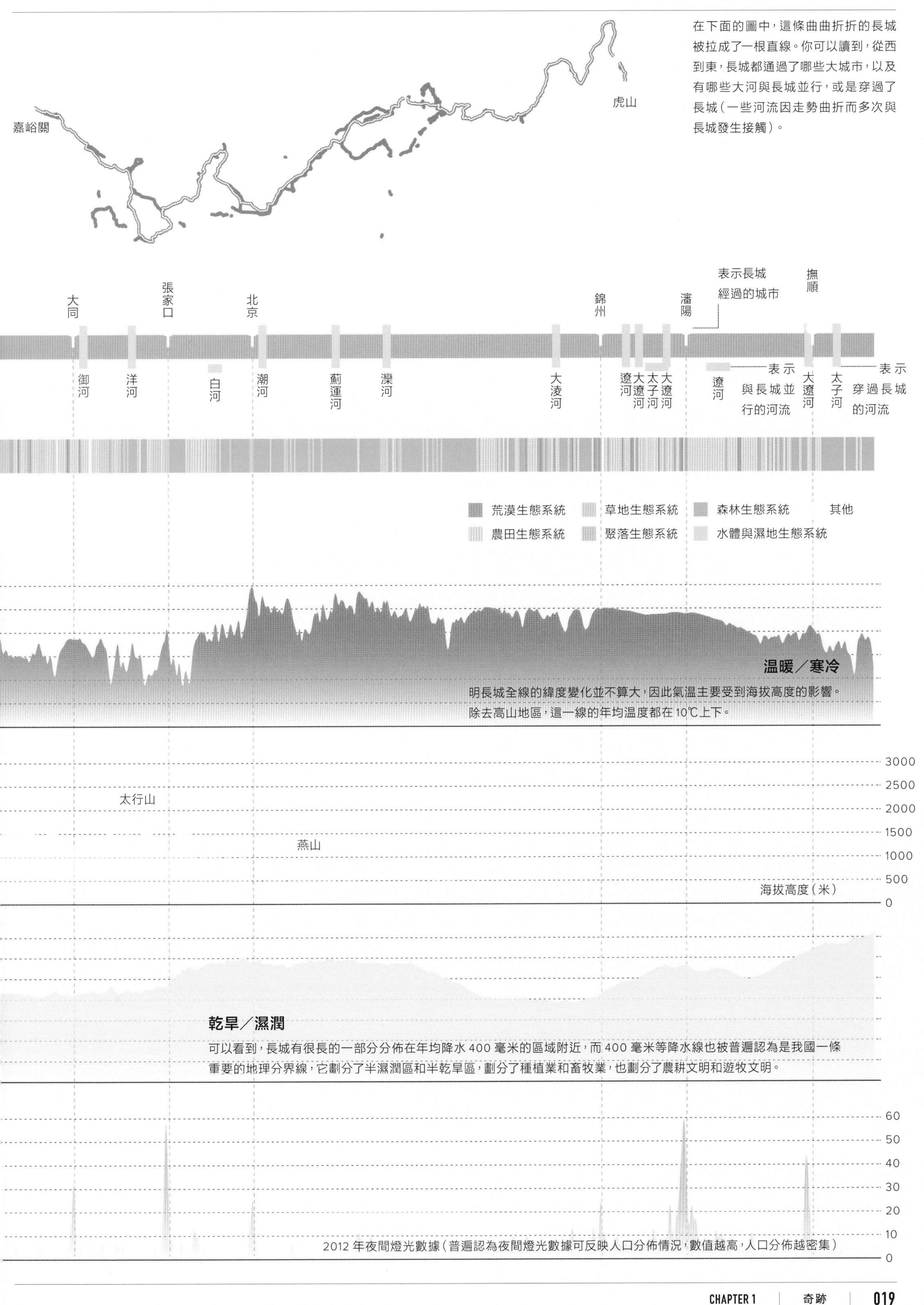
在下面的圖中，這條曲曲折折的長城被拉成了一根直線。你可以讀到，從西到東，長城都通過了哪些大城市，以及有哪些大河與長城並行，或是穿過了長城（一些河流因走勢曲折而多次與長城發生接觸）。
嘉峪關
虎山
大同
張家口
北京
錦州
瀋陽
撫順
表示長城經過的城市
御河
洋河
白河
潮河
薊運河
灤河
大淩河
遼河
大遼河
太子河
大遼河
遼河
表示與長城並行的河流
大遼河
太子河
表示穿過長城的河流
荒漠生態系統
草地生態系統
森林生態系統
其他
農田生態系統
聚落生態系統
水體與濕地生態系統
溫暖／寒冷
明長城全線的緯度變化並不算大，因此氣溫主要受到海拔高度的影響。除去高山地區，這一線的年均溫度都在10℃上下。
太行山
燕山
海拔高度（米）
3000
2500
2000
1500
1000
500
0
乾旱／濕潤
可以看到，長城有很長的一部分分佈在年均降水400毫米的區域附近，而400毫米等降水線也被普遍認為是我國一條重要的地理分界線，它劃分了半濕潤區和半乾旱區，劃分了種植業和畜牧業，也劃分了農耕文明和遊牧文明。
60
50
40
30
20
10
0
2012年夜間燈光數據（普遍認為夜間燈光數據可反映人口分佈情況，數值越高，人口分佈越密集）

1.4 修還是不修，這是個問題

苦啊……

古人為甚麼修建長城？

千古偉業，還是勞民傷財？修長城與否自古以來都是被激烈討論的話題。支持者認為長城可以防禦外敵，標示主權，震懾鄰國，還能減少遊防之苦。反對者卻表示，豐功偉業下白骨累累，民心盡失，且有城無守，未見得有禦敵之效。修，還是不修，你又作何判斷呢？

當時發生了甚麼？

漢

司馬遷 太史公

不顧民情修長城，好大喜功而已！

秦剛滅了諸侯，人心惶惶，戰亂之禍尚未平息。蒙恬作為名將，本應勸誡君主，急百姓之所急，養老存孤，使得天下和睦。

反觀蒙恬，一意興功，築長城，建亭障，塹山堙谷，貫通直道，全然不在意百姓之力，簡直惡劣！

如此說來，其兄弟二人落得被誅的下場，也是罪有應得！

一些人物對長城的看法在不同階段有所轉變，比如漢武帝：

之前是我錯了……

劉徹 漢武帝

修長城，擾民心，我現在覺得不行。

朕過去不夠明智，興兵千里之外，糧草供給尚成問題，導致人力疲憊，士兵流散或死亡，實為悲痛。

現在，有人提出想要在更遠的輪台建烽火台，這是要讓天下人受驚勞苦，擾亂民心，而不是優待百姓啊！朕現在聽這種話實在心有不忍！

❶ 漢武帝下《輪台詔》，否決了在輪台地區屯田的提案。

秦

蒙恬 秦將領

也不都怪我啊……

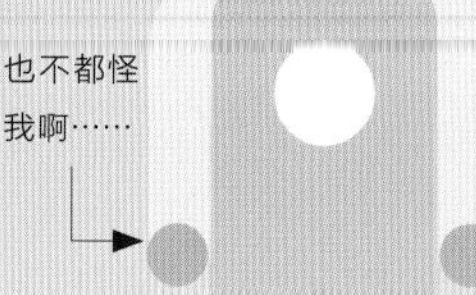

不能修長城，會遭報應的！

辛苦打拚許多年，竟落得如此淒涼下場。想來修長城長達萬里，一定是過程中傷到了地脈，是我的罪過！

修長城害我！

❷ 胡亥政變，賜死蒙氏兄弟，蒙恬吞藥自殺。

唐

李世民 唐太宗

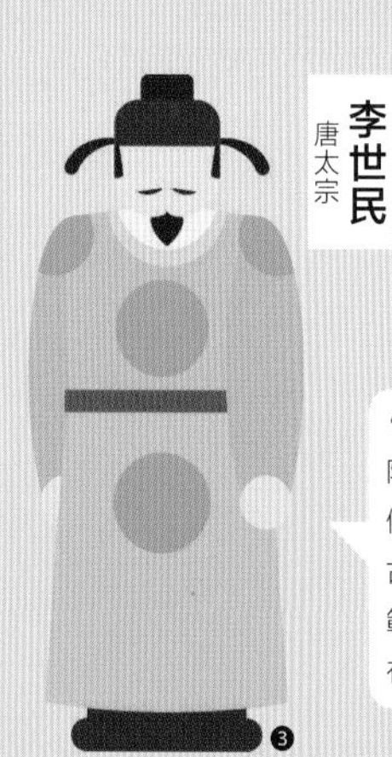

修長城？沒這個必要。

不戰而屈人之兵，上也。

百戰百勝，中也。

挖溝壘牆自守，下也！

況且突厥並不同心，極其暴虐，他們自相殘殺，亡在朝夕，何苦勞民傷財修長城來防守？

修了也白修！

隋煬帝勞動百姓，修建長城，留下千古罵名，為的是防範突厥，結果也沒有收穫到好處嘛！

❸ 唐太宗推崇華夷一體，對於修建長城不甚推崇，認為其落於下乘。

金

張萬公 金大臣

想修也修不起來啊！

如今乾旱，而且風沙大，長城一開工就會被風沙吹平，於禦敵無益，平白浪費勞力，不如不建。

明

劉燾 明將領

有人修，沒人守，修它作甚？

臣嘗聞，修長城自古以來就是下下策。屢被突破不提，不少已建好的城牆如今也已棄守。

就算長城修好，軍隊人數不足也是無用，有城無守，豈不貽笑大方？

❹ 明朝薊遼總督劉燾曾多次上書反對修牆，因為長城戰線漫長，且守備薄弱。

反方：不修！

清

愛新覺羅・玄燁 清聖祖

話是這麼說，但必要之時也還是可以修一修的……

有修長城的心力，還不如用來修民心吧！

自秦以來，代代都修建長城，但哪個朝代沒有邊患了？明朝廣建長城，我太祖帶兵不還是能長驅直入？可見守國之道，在於修得民心。得民心者得國家之本，邊境自然就會牢固了。所謂「眾志成城」，就是這個意思吧！

❺ 清聖祖（康熙皇帝）曾下令不修邊牆，但清朝對重要關口和長城段都有過修繕和使用。

民國

魯迅 民國作家

長城救不了中國人！

何時才不給長城添新磚呢？

這偉大而可詛咒的長城！

❻ 魯迅撰文《長城》，稱其「偉大而可詛咒」。

春秋戰國

❼ 戰國時期各國基本都修築了長城，主要類型有二：互防長城和拒胡長城。

❽ 楚長城最早載於《左傳》，屈完回應齊桓公伐楚言論。

秦

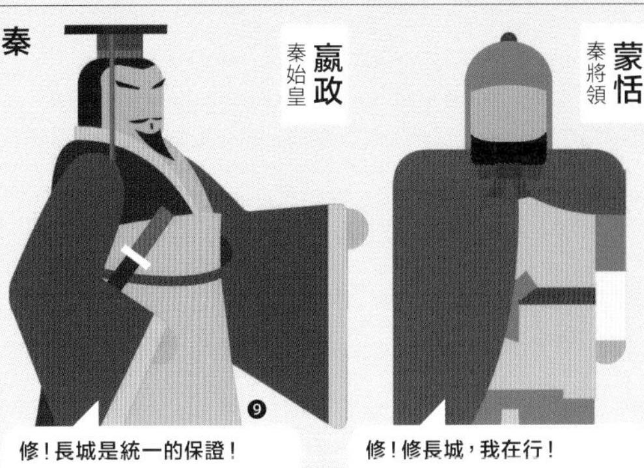

❾ 秦始皇令蒙恬修築長城，貫通戰國時期燕趙秦長城，長達萬里。

隋

❿ 隋朝共修築長城七次，隋煬帝遊經榆林時作《飲馬長城窟行》一首。

漢

⓫ 漢武帝北逐匈奴，向河西遷徙居民，駐紮軍隊，修築長城，建成自遼東至羅布泊的漢長城，總長超過兩萬里。

金

⓬ 金長城的修築一度因旱災及張萬公等大臣反對而停建。後在完顏襄等人的力主下復開。

南北朝

⓭ 北齊長城由文宣帝高洋下令修建，共修築六次。其規模之大，僅次於秦、漢長城。

⓮ 北魏中書監高閭上奏陳述築長城之利，最終設計並修築了北魏長城。

明

⓮ 自明太祖起，明代各代皇帝都力主修長城，且多高官名將參與其中，修築的設計和技術水平均有較大提升。

正方：修！

1.5 千年城事

長城都發生過哪些大事件？

悠悠兩千年，大興土木、戰火紛亂、民族交流、自然災害……這些發生在長城上的故事，最終都成為了長城不可或缺的一部分。

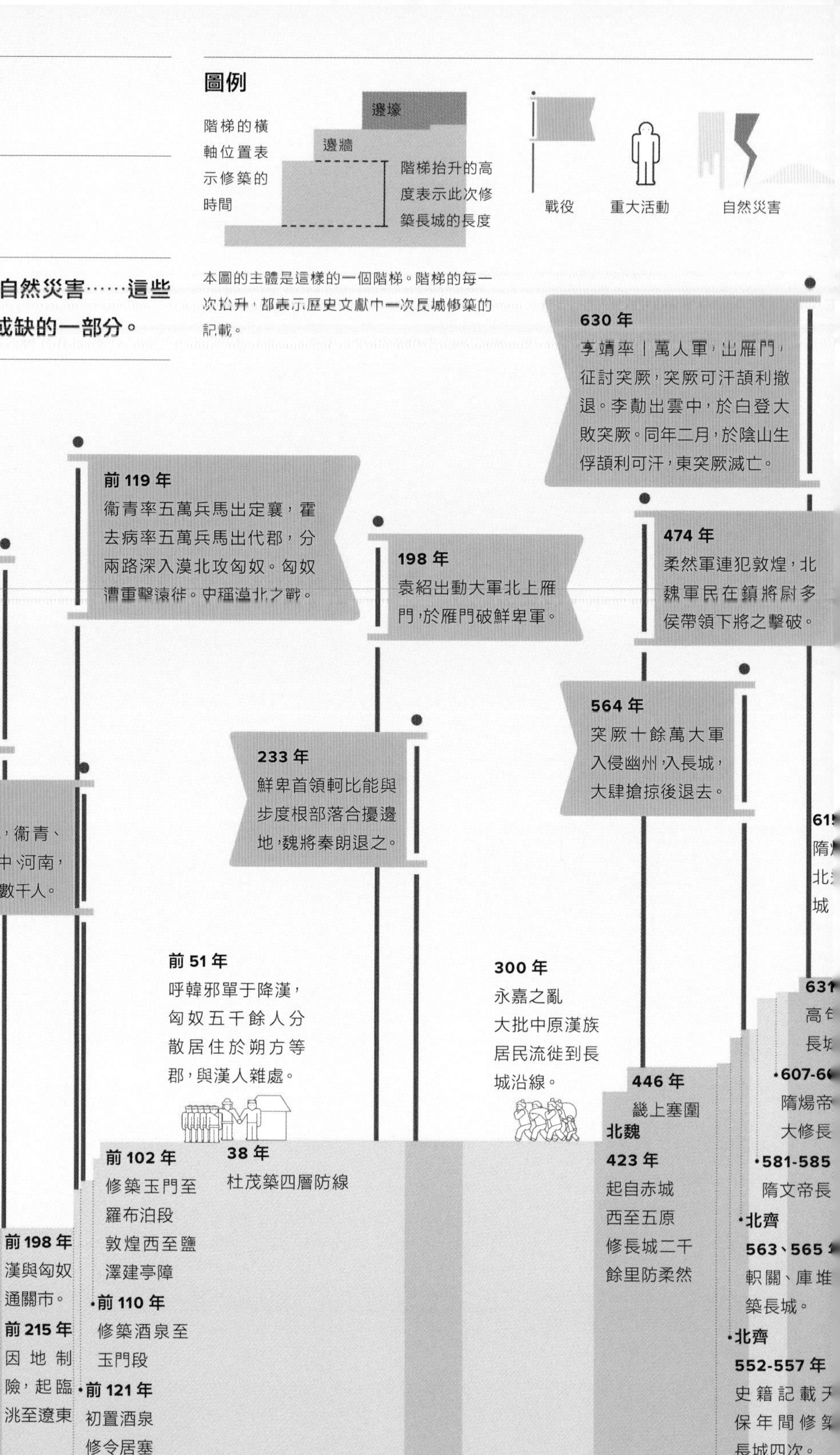

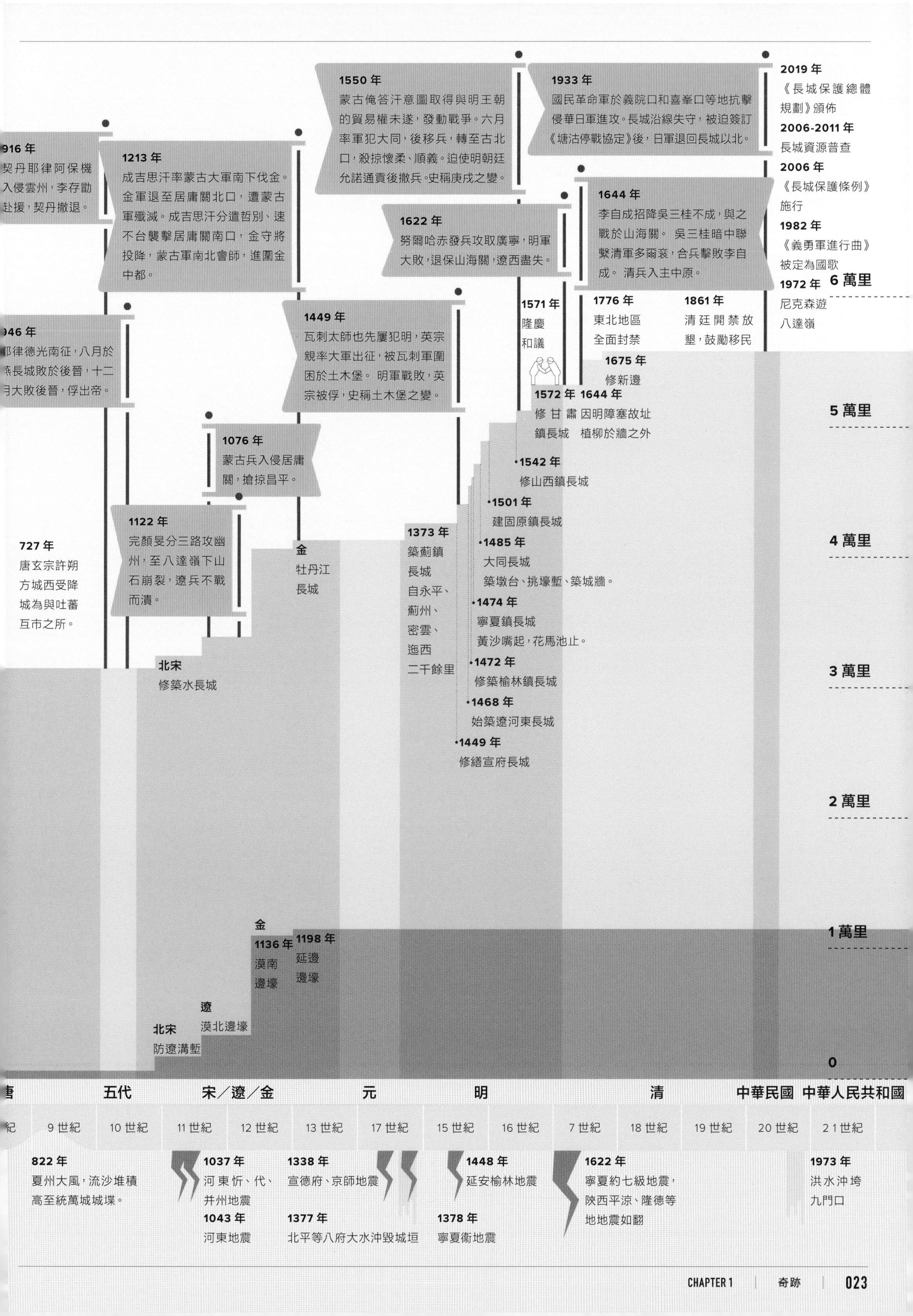

916 年
契丹耶律阿保機入侵雲州，李存勖赴援，契丹撤退。
1213 年
成吉思汗率蒙古大軍南下伐金。金軍退至居庸關北口，遭蒙古軍殲滅。成吉思汗分遣哲別、速不台襲擊居庸關南口，金守將投降，蒙古軍南北會師，進圍金中都。
1550 年
蒙古俺答汗意圖取得與明王朝的貿易權未遂，發動戰爭。六月率軍犯大同，後移兵，轉至古北口，殺掠懷柔、順義。迫使明朝廷允諾通貢後撤兵。史稱庚戌之變。
1933 年
國民革命軍於義院口和喜峯口等地抗擊侵華日軍進攻。長城沿線失守，被迫簽訂《塘沽停戰協定》後，日軍退回長城以北。
2019 年
《長城保護總體規劃》頒佈
2006-2011 年
長城資源普查
2006 年
《長城保護條例》施行
1982 年
《義勇軍進行曲》被定為國歌
1972 年
尼克森遊八達嶺
1622 年
努爾哈赤發兵攻取廣寧，明軍大敗，退保山海關，遼西盡失。
1644 年
李自成招降吳三桂不成，與之戰於山海關。 吳三桂暗中聯繫清軍多爾袞，合兵擊敗李自成。 清兵入主中原。
946 年
耶律德光南征，八月於滹長城敗於後晉，十二月大敗後晉，俘出帝。
1449 年
瓦剌太師也先屢犯明，英宗親率大軍出征，被瓦剌軍圍困於土木堡。 明軍戰敗，英宗被俘，史稱土木堡之變。
1571 年
隆慶和議
1776 年
東北地區全面封禁
1861 年
清廷開禁放墾，鼓勵移民
1675 年
修新邊
1572 年
修甘肅鎮長城
1644 年
因明障塞故址植柳於牆之外
1076 年
蒙古兵入侵居庸關，搶掠昌平。
1542 年
修山西鎮長城
1122 年
完顏旻分三路攻幽州，至八達嶺下山石崩裂，遼兵不戰而潰。
1501 年
建固原鎮長城
727 年
唐玄宗許朔方城西受降城為與吐蕃互市之所。
金
牡丹江長城
1373 年
築薊鎮長城自永平、薊州、密雲、迤西二千餘里
1485 年
大同長城築墩台、挑壕塹、築城牆。
1474 年
寧夏鎮長城黃沙嘴起，花馬池止。
1472 年
修築榆林鎮長城
1468 年
始築遼河東長城
1449 年
修繕宣府長城
北宋
修築水長城
6 萬里
5 萬里
4 萬里
3 萬里
2 萬里
1 萬里
0
金
1136 年
漠南邊壕
1198 年
延邊邊壕
遼
漠北邊壕
北宋
防遼溝塹
唐
五代
宋／遼／金
元
明
清
中華民國
中華人民共和國
紀
9 世紀
10 世紀
11 世紀
12 世紀
13 世紀
17 世紀
15 世紀
16 世紀
7 世紀
18 世紀
19 世紀
20 世紀
21 世紀
822 年
夏州大風，流沙堆積高至統萬城城堞。
1037 年
河東忻、代、并州地震
1043 年
河東地震
1338 年
宣德府、京師地震
1377 年
北平等八府大水沖毀城垣
1448 年
延安榆林地震
1378 年
寧夏衛地震
1622 年
寧夏約七級地震，陝西平涼、隆德等地地震如翻
1973 年
洪水沖垮九門口

CHAPTER 2

THE WALL

牆垣

第二章

長城是一項軍事防禦工程，但當我們面對那山巒間綿延起伏的高大牆體時，往往是把它當做一件偉大的建築傑作來欣賞的。長城是世界公認的建築奇跡之一，它從選址、取材、設計到建造的各個方面，都是從軍事防禦需求出發的，但這並沒有妨礙它作為建築作品在形態上的發揮。

這一章我們將探祕長城的形態與其背後功能之間的關係，看它們如何相輔相成地成就長城這樣偉大的建築。

2.1 觀察長城

長城是由哪些部分組成的？

從建築角度看，長城並不像很多古代木結構建築那樣複雜。但是，從實際功能出發，長城仍然發展出了不少頗具特色的建築元素。讓我們以一段明代磚長城為例，看看長城的各個部分都是做甚麼用的吧！

樓櫓

也叫望樓、望亭，是敵台頂層的木結構建築，為士兵提供了可以遮風擋雨的室內空間。有些樓櫓從內部與敵台下層直接相連。

障牆

在比較陡峭的邊牆上，有時會連續設置幾道與牆垂直的短牆，即障牆，牆上有望孔和射孔。這樣可以避免讓守軍過於暴露，守軍也可以憑藉短牆節節退守。

吐水嘴

一些重要部位的排水溝外設有突出牆面的吐水嘴，這樣可以避免牆基被排出的水沖刷侵蝕。

磚簷

箭窗

士兵通過箭窗瞭望和射擊，因此箭窗數量往往可以用來評判一座敵樓（建於敵台上的城樓）的火力強弱。

敵台

沿着邊牆每隔一段距離所設置的突出於牆體的高台就是敵台。它提供了防禦者較大的作戰空間，同時可以發現並消滅位於邊牆下的敵人。敵台有空心和實心之分，空心敵台內部可以用來駐軍和儲備軍需。本圖中的敵台都是空心敵台。

券門

基座

暗門

在邊牆外側一些隱祕的地方還會設置暗門，作用是可以讓守方士兵出其不意地出現在牆外以殺敵。有的時候，暗門甚至會遮擋起來，避免被敵軍發現。

礌石槽

從礌石孔投下的礌石，沿着礌石槽滾下，砸擊敵人。精巧的設計讓礌石孔從外側難以被看到，從而保護守軍安全。

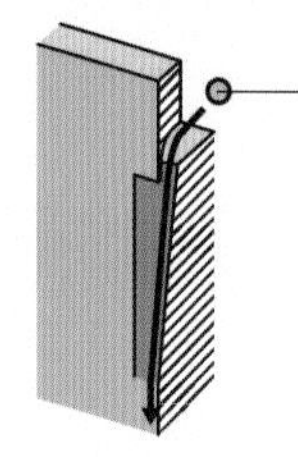

礌石由牆內通過礌石孔順着礌石槽被投出牆外

垛牆

垛口

垛口一般出現在邊牆外側，是牆頂連續的凹口。透過它們，守軍可以向外觀察和射擊。為了擴大視野，垛口內外往往設計為「八」字形。

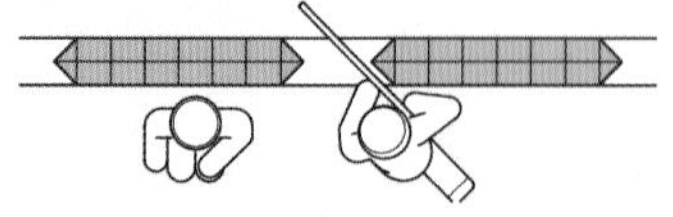

士兵隱蔽在垛牆後，並透過垛口射擊（頂視圖）

烽火台

顧名思義，烽火台就是用來點燃烽火傳遞軍情的高台。除了獨立設置的烽火台，也有敵台兼具烽火台功能的情況。「烽火台」是明代的叫法，明代之前最常用的名字是「烽燧」。

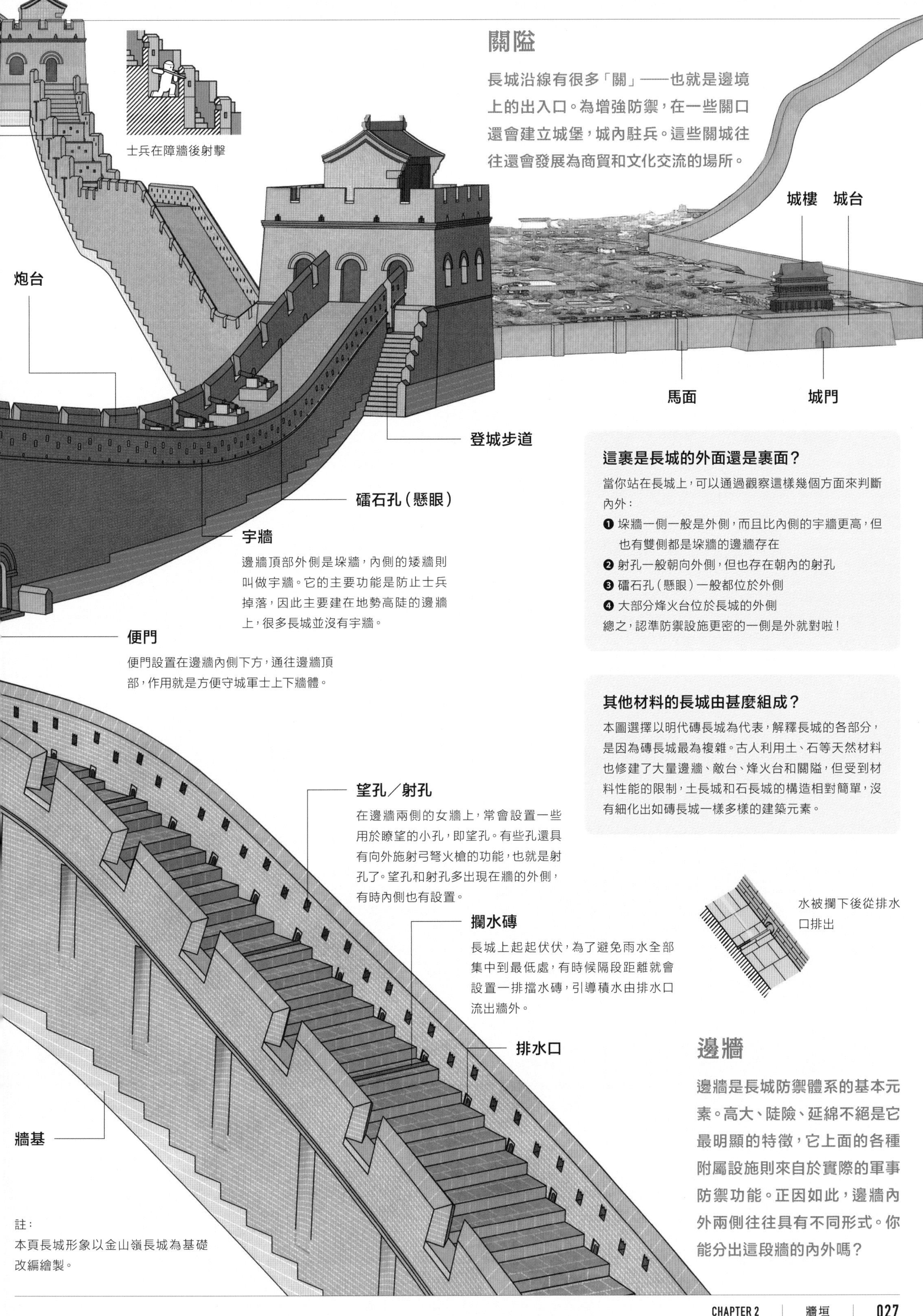

關隘

長城沿線有很多「關」——也就是邊境上的出入口。為增強防禦，在一些關口還會建立城堡，城內駐兵。這些關城往往還會發展為商貿和文化交流的場所。

礌石孔（懸眼）

宇牆

邊牆頂部外側是垛牆，內側的矮牆則叫做宇牆。它的主要功能是防止士兵掉落，因此主要建在地勢高陡的邊牆上，很多長城並沒有宇牆。

便門

便門設置在邊牆內側下方，通往邊牆頂部，作用就是方便守城軍士上下牆體。

這裏是長城的外面還是裏面？

當你站在長城上，可以通過觀察這樣幾個方面來判斷內外：

❶ 垛牆一側一般是外側，而且比內側的宇牆更高，但也有雙側都是垛牆的邊牆存在
❷ 射孔一般朝向外側，但也存在朝內的射孔
❸ 礌石孔（懸眼）一般都位於外側
❹ 大部分烽火台位於長城的外側

總之，認準防禦設施更密的一側是外就對啦！

其他材料的長城由甚麼組成？

本圖選擇以明代磚長城為代表，解釋長城的各部分，是因為磚長城最為複雜。古人利用土、石等天然材料也修建了大量邊牆、敵台、烽火台和關隘，但受到材料性能的限制，土長城和石長城的構造相對簡單，沒有細化出如磚長城一樣多樣的建築元素。

望孔／射孔

在邊牆兩側的女牆上，常會設置一些用於瞭望的小孔，即望孔。有些孔還具有向外施射弓弩火槍的功能，也就是射孔了。望孔和射孔多出現在牆的外側，有時內側也有設置。

攔水磚

長城上起起伏伏，為了避免雨水全部集中到最低處，有時候隔段距離就會設置一排擋水磚，引導積水由排水口流出牆外。

邊牆

邊牆是長城防禦體系的基本元素。高大、陡險、延綿不絕是它最明顯的特徵，它上面的各種附屬設施則來自於實際的軍事防禦功能。正因如此，邊牆內外兩側往往具有不同形式。你能分出這段牆的內外嗎？

註：
本頁長城形象以金山嶺長城為基礎改編繪製。

2.2 為長城選址

面對複雜的地形，長城要建在哪裏？

「因地形，用制險塞」，司馬遷在《史記》中這樣描述秦長城的修建。長城是巨大的人造防禦工事，我們可能因此忽視自然條件的重要性。確定長城修建的位置時，如何充分利用自然地形、地貌，是必須要考慮的問題。

這張圖中展示了在一個給定的地形上，長城可能的建造位置和相應的選址原因。圖中地形和長城選址均為示意，不代表真實長城的建造情況。

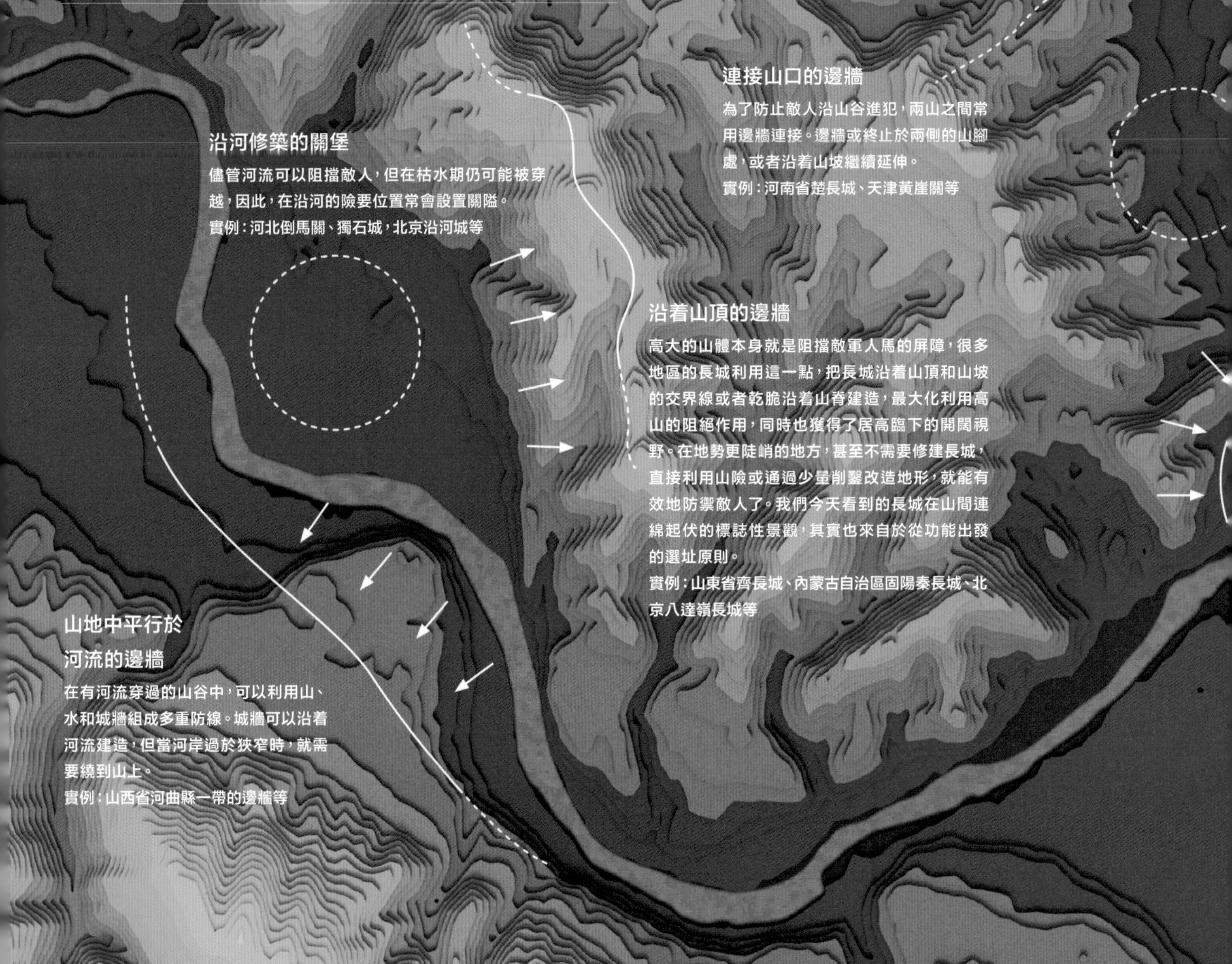

邊牆可能的選址
關隘可能的選址
烽火台可能的選址
假設敵人的進攻方向
連接山口的邊牆
為了防止敵人沿山谷進犯，兩山之間常用邊牆連接。邊牆或終止於兩側的山腳處，或者沿着山坡繼續延伸。
實例：河南省楚長城、天津黃崖關等
沿河修築的關堡
儘管河流可以阻擋敵人，但在枯水期仍可能被穿越，因此，在沿河的險要位置常會設置關隘。
實例：河北倒馬關、獨石城，北京沿河城等
沿着山頂的邊牆
高大的山體本身就是阻擋敵軍人馬的屏障，很多地區的長城利用這一點，把長城沿着山頂和山坡的交界線或者乾脆沿着山脊建造，最大化利用高山的阻絕作用，同時也獲得了居高臨下的開闊視野。在地勢更陡峭的地方，甚至不需要修建長城，直接利用山險或通過少量削鑿改造地形，就能有效地防禦敵人了。我們今天看到的長城在山間連綿起伏的標誌性景觀，其實也來自於從功能出發的選址原則。
實例：山東省齊長城、內蒙古自治區固陽秦長城、北京八達嶺長城等
山地中平行於河流的邊牆
在有河流穿過的山谷中，可以利用山、水和城牆組成多重防線。城牆可以沿着河流建造，但當河岸過於狹窄時，就需要繞到山上。
實例：山西省河曲縣一帶的邊牆等

除了地形，長城選址時還會考慮哪些因素？

已有的長城

長城的建造是逐漸積累的過程，很多朝代會以前朝留下的長城作為基礎，加以增建和修補。比如明代長城的很多部分就源自於北魏、北齊和隋代建造的長城。

其他軍事工程

長城的邊牆、敵台、城堡和烽火台等元素有着很強的關聯性，選址時需考慮彼此間的位置關係。比如在一些地區，敵台和烽火台的建造在先，邊牆選址時就會把它們串聯起來。

成本

建造長城耗費成本之高，是歷朝歷代都不能迴避的問題。在多山地區選擇以山險作為屏障，是對地形的合理利用，而同樣重要的是這樣做可以節約建造成本。

交通幹道

在穿過長城的幹道上設置關口，甚至關城，這不只是出於軍事防禦的考慮。與如今的邊關一樣，它還起到了經貿、稅收、文化交流等多重功能。

兵器機能

守衛長城時，弓箭和明代大規模裝備的火器是主要使用的兵器。明代規定的兩座敵台的間距就在有效射程之內，而敵台與邊牆如何組合，同樣需要考慮武器火力的覆蓋範圍。

並非越密越好的烽火台

烽火傳遞過程中會出現錯誤，為降低犯錯的機率，烽火台的設置並非越密越好，而應該在滿足互視的前提下，精簡烽火台的數量。因此，烽火台之間的視線聯繫就需要精細的考量。

建於埡口的關堡

埡口是山脊間的鞍狀凹陷。把關隘建在埡口，居高臨下、視野開闊、易守難攻，還可以與山上的其他防禦設施互相聯繫。
實例：山西省雁門關、平型關等

佔領制高點的烽火台

烽火台一般都建在高處，一是為了擴大視野，更及時地觀察敵情以及獲取其他烽火台的訊息；二是出於烽火台本身的防禦需求。

據守山口的關堡

在險要的山口設置關隘，可以起到「一夫當關、萬夫莫開」的效果。在狹窄的山口處，可以修簡單的關口；而在空間更寬闊的山口處，則可以設置關城。這些關隘還往往敵台、烽火台配合，形成綜合防區。
實例：北京居庸關、古北口關等

以山為起始的邊牆

除了河流，高山也可以作為長城開端處的天然險阻。選擇異常高聳、陡峭的山體，並將長城垂直於山坡建造，便可以起到這種效果。
實例：始於華山北麓的魏長城、始於黃櫨嶺的北齊長城

疏密有致的敵台

大部分的敵台都是隨着邊牆修建，但具體到每一座敵台的設置仍然需要因地制宜。對此，《皇明經世文編》寫得很明確：「山平牆低坡小勢衝之處則密之，高坡陡牆之處則疏之」。

以水為起始的邊牆

長城無論有多長，總歸需要一個開端。為防止敵人從長城的盡端輕鬆地繞進城內，長城往往從自然天險開始建造，比如寬闊湍急的河流。這樣的做法在黃河流域最為常見，而在牆的盡頭一般還會設有城堡和碼頭，進一步加強防範。
實例：寧夏回族自治區橫城堡、山西省老牛灣等

平原上平行於河流的邊牆

平原地帶並無山險可以倚仗，因此把河流作為屏障，長城平行於河流建造的情況非常普遍。一般情況下，長城建於河流的內側，這樣河流就起到了護城河的作用。但有時為了保護水源或出於其他原因，長城也會建在河流的外側。
實例：沿易水修建的燕長城、沿疏勒河修建的漢長城、沿黃河修建的明長城等

跨越河流的邊牆

為徹底消除枯水期或冬季河流結冰後敵人沿河侵入的風險，長城在一些河面較窄的地方會跨河修建，城牆下方有水門，使水正常通過。有時還會專門在跨河的地方建敵台，以增強此處防禦能力。因為工程難度大，基本只有在明長城中存在這種情況。
實例：如遼寧省九門口等

沿着山腰或山腳的邊牆

沿着半山腰或山腳處的等高線修建的長城，大多位於山坡迎敵的一側，這樣，城牆外低內高，便於守軍防禦。在一些地區，還會在山腰或山腳處通過鏟削形成劈山牆。
實例：如內蒙古自治區的趙北長城、燕北長城等

2.3 準備材料

長城是用甚麼建造的？

萬里長城始於一磚一石。這張圖中，我們搜集了建造長城最常用的一些建築材料，它們主要包括土、磚、石和木四大類。這些建材都不算複雜，有些甚至是未經加工的天然材料。

黃土是夯土長城最常用的材料。黏性大的黃土最受歡迎，因為用它建成的牆體更堅固。當本地土質比較差時，還需要從外地取土，這些土便被稱作「客土」。

欠缺高品質黃土時，古人還將黏土、砂和石灰等材料混合成為**三合土**，用它築城的堅固度也比較好。

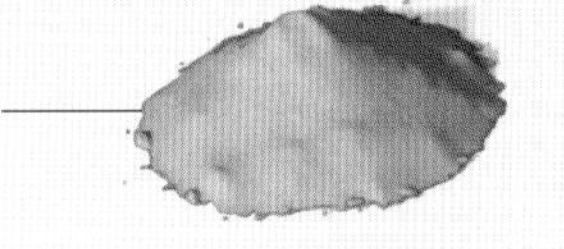

在很多西北地區，只有**砂土**可以使用，這樣建成的長城並不堅固。

用磚石砌築長城時，**石灰**是最常用的黏合劑。

把泥土和碎草混合，再用模具製作成型，曬乾后就成了**土坯**，可以像磚一樣壘砌。

望孔磚有的是一塊中間穿有圓洞的方磚，有的則是把兩個半圓洞拼在一起的兩塊磚。

這兩塊**排水孔磚**拼在一起后形成了一個較大的排水孔。

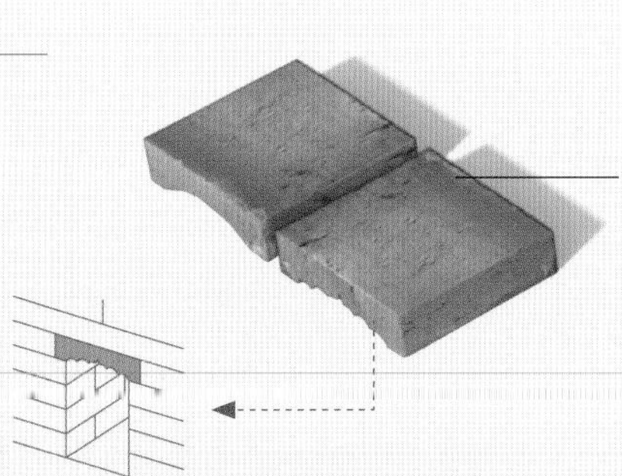

有的**射孔磚**就是在方磚上穿一個拱形射孔，還有的則是把方磚模製出花紋，蓋在預留的射孔上。

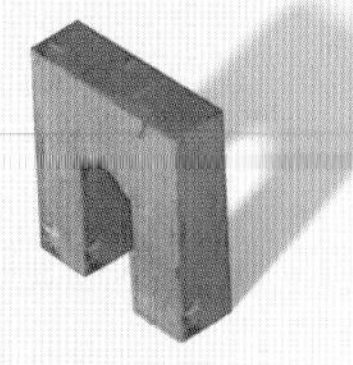

射孔示意圖

垛磚被砌在垛口處，被削掉的兩個角有助於擴大視野。

垛口示意圖

垛頂磚位於城垛的最上面一層。兩面有坡的設計一方面具有披水功能，另一方面也為敵人攀爬增加了困難。

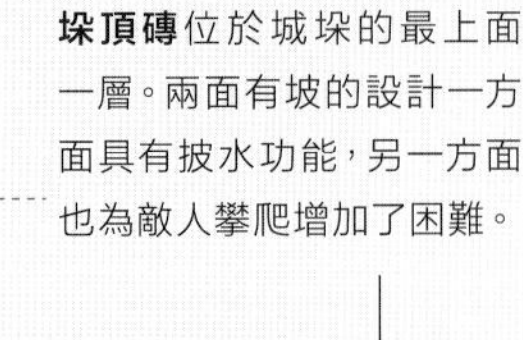

方磚用來鋪地，尺寸一般為37x37x9 厘米。正面光滑，背面粗糙。

條磚是磚砌長城中最常見的一種磚，尺寸一般為37x15x9 厘米。有的磚上還印上了燒製者的名字，是責任制的體現。

燒製長城磚

包磚長城出現於明代。儘管性能優越，但因為生產城磚耗費大量人力物力，只有在重點設防區才大量使用磚材。那麼城磚是怎樣燒製出來的呢？

❶ 取土。關於土的選擇，明代《天工開物》中寫到，「以黏而不散，粉而不沙者為上。」位於黃河沖積平原上的華北地區，富含這樣的優質土。

❷ 成泥。把水與土混合，成為稠泥。《天工開物》所記載的這個過程需要牛來踩踏。又因為製泥需要大量的水，磚窯的選址也需要靠近水源。

❸ⓐ 把泥填入木框模具。

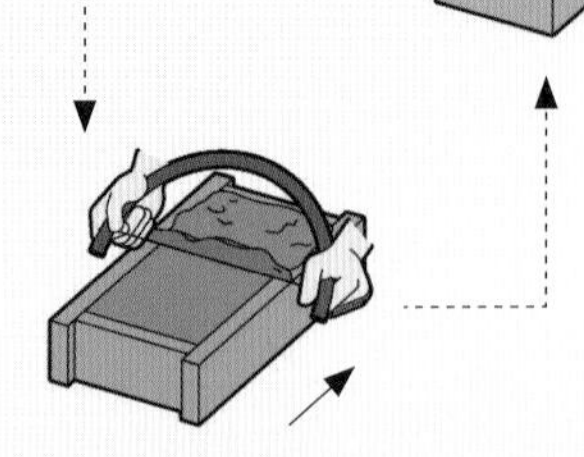

❸ⓑ 用鐵線弓把泥刮平。

❸ⓒ 把泥從模具中取出，太陽下曬乾，成為磚坯。

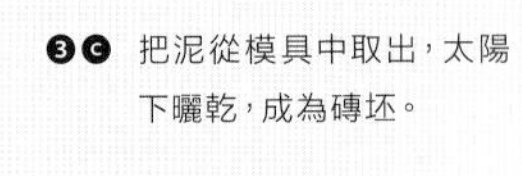

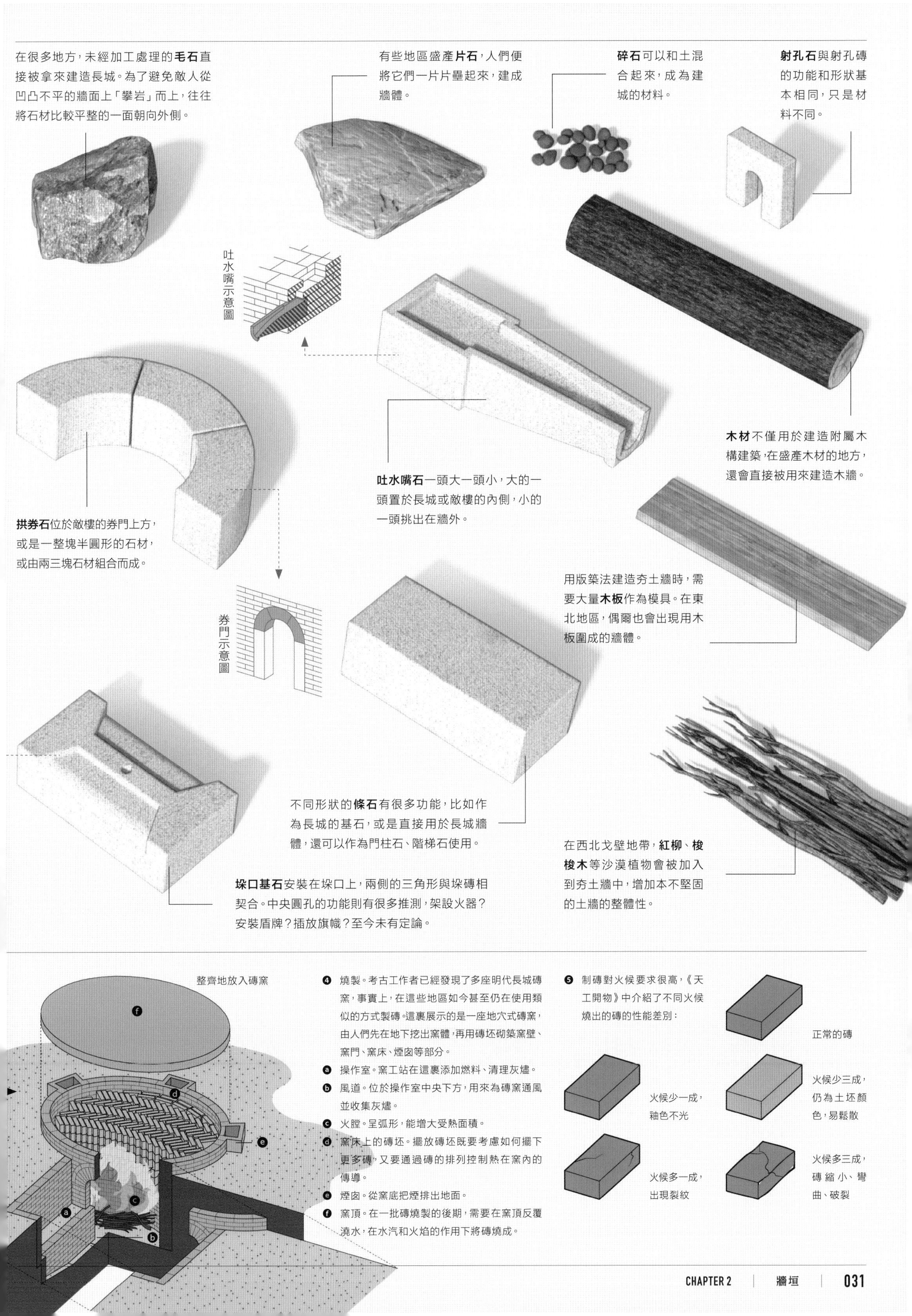
在很多地方，未經加工處理的**毛石**直接被拿來建造長城。為了避免敵人從凹凸不平的牆面上「攀岩」而上，往往將石材比較平整的一面朝向外側。
有些地區盛產**片石**，人們便將它們一片片壘起來，建成牆體。
碎石可以和土混合起來，成為建城的材料。
射孔石與射孔磚的功能和形狀基本相同，只是材料不同。
吐水嘴示意圖
木材不僅用於建造附屬木構建築，在盛產木材的地方，還會直接被用來建造木牆。
吐水嘴石一頭大一頭小，大的一頭置於長城或敵樓的內側，小的一頭挑出在牆外。
拱券石位於敵樓的券門上方，或是一整塊半圓形的石材，或由兩三塊石材組合而成。
券門示意圖
用版築法建造夯土牆時，需要大量**木板**作為模具。在東北地區，偶爾也會出現用木板圍成的牆體。
不同形狀的**條石**有很多功能，比如作為長城的基石，或是直接用於長城牆體，還可以作為門柱石、階梯石使用。
在西北戈壁地帶，**紅柳**、**梭梭木**等沙漠植物會被加入到夯土牆中，增加本不堅固的土牆的整體性。
垛口基石安裝在垛口上，兩側的三角形與垛磚相契合。中央圓孔的功能則有很多推測，架設火器？安裝盾牌？插放旗幟？至今未有定論。
整齊地放入磚窯
f
d
e
c
a
b
❹ 燒製。考古工作者已經發現了多座明代長城磚窯，事實上，在這些地區如今甚至仍在使用類似的方式製磚。這裏展示的是一座地穴式磚窯，由人們先在地下挖出窯體，再用磚坯砌築窯壁、窯門、窯床、煙囪等部分。
ⓐ 操作室。窯工站在這裏添加燃料、清理灰燼。
ⓑ 風道。位於操作室中央下方，用來為磚窯通風並收集灰燼。
ⓒ 火膛。呈弧形，能增大受熱面積。
ⓓ 窯床上的磚坯。擺放磚坯既要考慮如何擺下更多磚，又要通過磚的排列控制熱在窯內的傳導。
ⓔ 煙囪。從窯底把煙排出地面。
ⓕ 窯頂。在一批磚燒製的後期，需要在窯頂反覆澆水，在水汽和火焰的作用下將磚燒成。
❺ 制磚對火候要求很高，《天工開物》中介紹了不同火候燒出的磚的性能差別：
正常的磚
火候少一成，釉色不光
火候少三成，仍為土坯顏色，易鬆散
火候多一成，出現裂紋
火候多三成，磚縮小、彎曲、破裂

2.4 偉大的牆

綿延萬里的長城是怎樣建成的？

長城建設延續千年、跨越萬里，因此修建方法也不斷隨着時代發展而發展，隨着自然條件的變化而變化。歸納起來，我國長城的邊牆可以分為土邊牆、石邊牆、磚邊牆、草邊牆、木邊牆和借助山體的邊牆幾類。它們都是怎樣修建起來的呢？

劈山牆

劈山牆是將山坡地勢平緩的外側向下削挖，形成直而峭的斷壁。有的還會在斷崖外建一道夯土，形成平台。

與壕溝結合的

山脊斷崖或山勢陡峭處，對山體兩側的懸壁略加修整，直接作為牆體，或在外、或在內、或內外兩側都做修整，使其直立如壁，陡不可攀。

長城是人工構築的軍事防禦體和自然險阻的有機結合。借助地形變化修築牆體往往可以起到事半功倍的效果。

木夾板

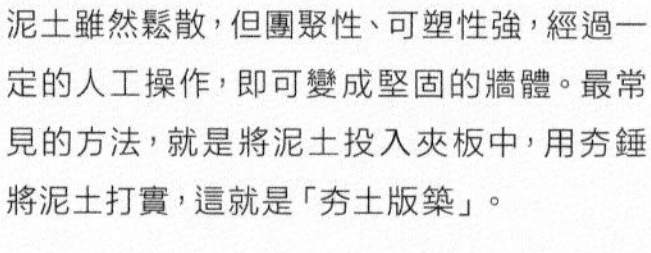

泥土雖然鬆散，但團聚性、可塑性強，經過一定的人工操作，即可變成堅固的牆體。最常見的方法，就是將泥土投入夾板中，用夯錘將泥土打實，這就是「夯土版築」。

土牆

泥土是古代最常用的建築材料。泥土取材方便，造價低廉，用途廣泛。在明朝之前，長城多將泥土作為建築材料的首選，即便在山區，也存有部分牆體採取泥土築造。

填土石牆

將人工修整過的規則石塊砌成高大堅固的石牆，牆體內填以泥土、碎石，用打夯的辦法使填土密實、堅硬。

下部石砌上部磚砌的牆體往往採用經精細打磨而成的矩形條石，體量比磚大得多，旨在增加基礎穩定性。八達嶺長城就是這種構造的代表。

石牆

在山區中修建的長城牆體多採用石結構。與土牆不同，石牆的構築多採用自然石塊。由於石塊表面很不規則，為了使牆體平齊如一，也需要不同程度地採用人為加工手段。

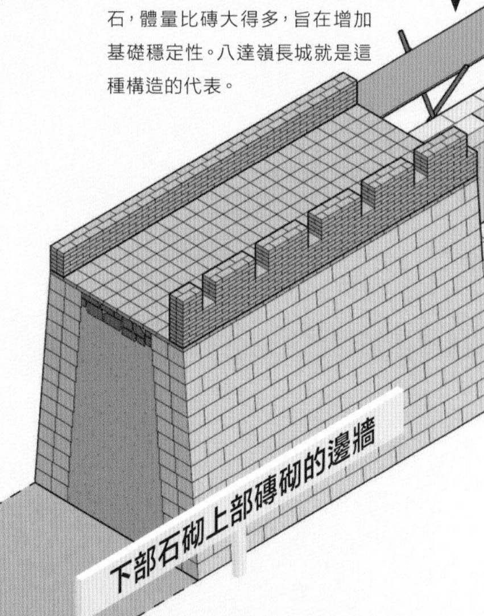

磚牆

磚體堅實，且易於搬運和砌築，因此是長城牆體最為理想的材料。但因為燒磚成本高，磚牆的分佈並不均勻。明代九鎮中，拱衛京師的薊鎮磚牆最多。磚牆也並非全部磚砌，而是外面砌磚，內部用土或石填滿。

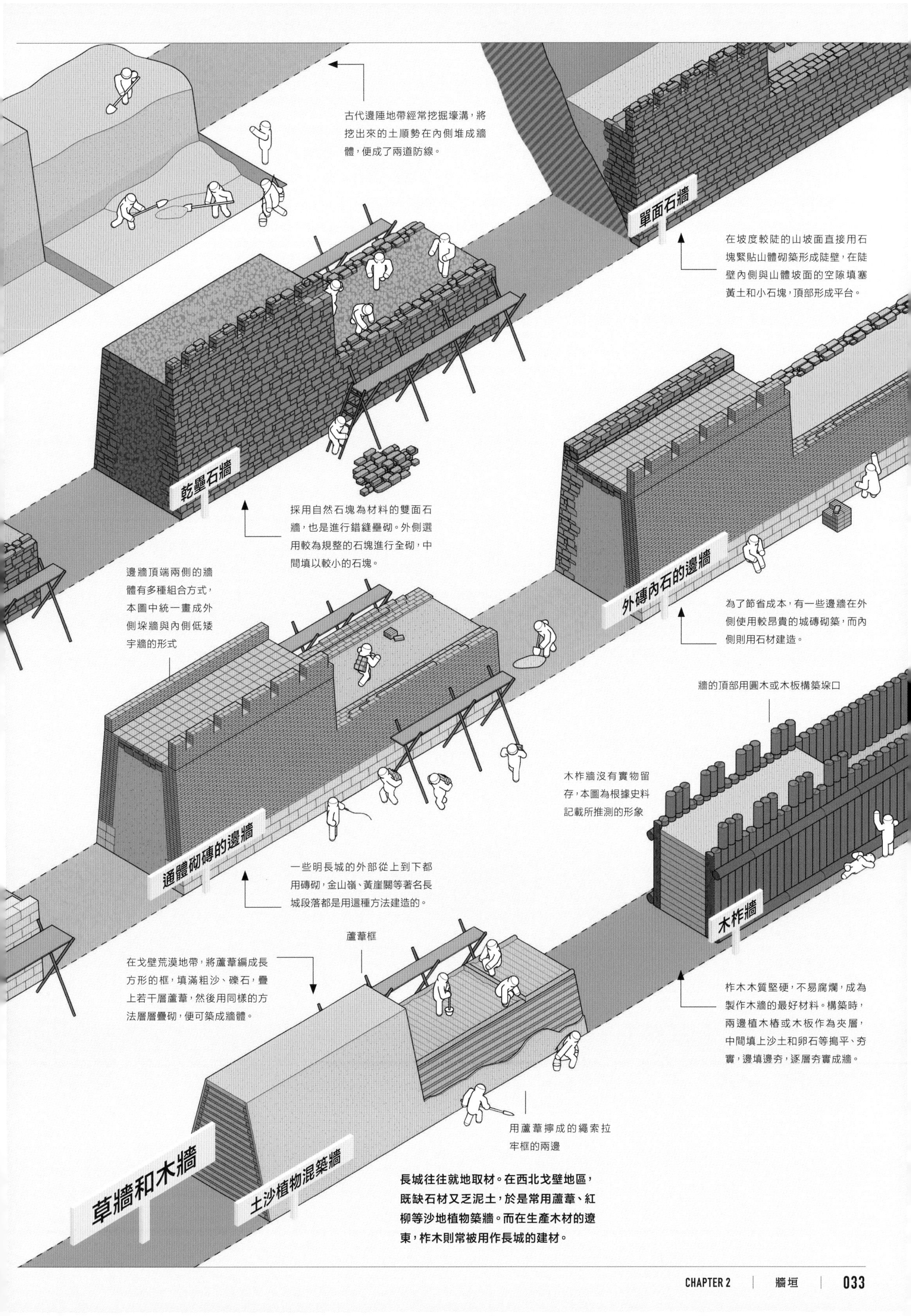

長城往往就地取材。在西北戈壁地區，既缺石材又乏泥土，於是常用蘆葦、紅柳等沙地植物築牆。而在生產木材的遼東，柞木則常被用作長城的建材。

2.5 敵台家族

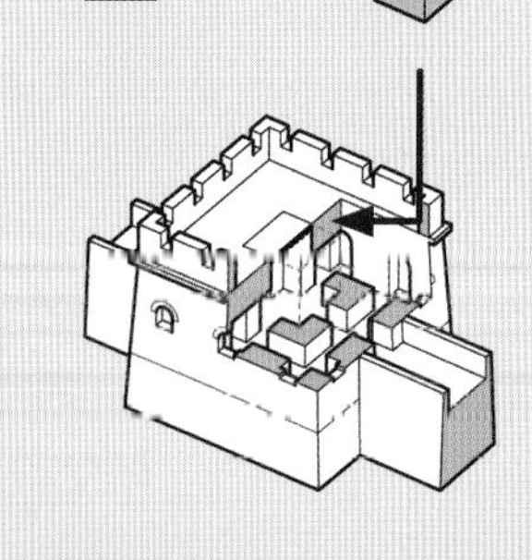

是甚麼讓看似簡單的空心敵台如此千變萬化？

明朝共修建了上千座空心敵台，如今它們已經成為了長城標誌性的景觀。敵台很神奇的一點是，它們遠看好像差不多，可仔細觀察時就會發現每座都不太一樣。來看看有哪些特徵可以幫你辨別敵台家族中的不同成員吧！

爬梯

台階

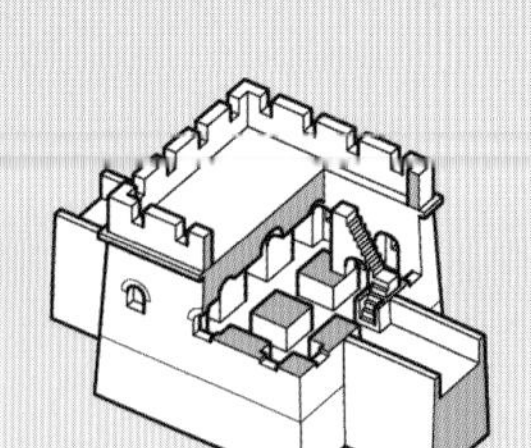

敵台頂部如何到達？

敵台內空間緊張，所以通往樓頂的設施也需要節約空間才成。最節約的方式自然是在頂部開一個簡單的洞口，讓士兵順繩梯上下，也有不少敵台把樓梯嵌入磚結構，並不額外佔用空間。

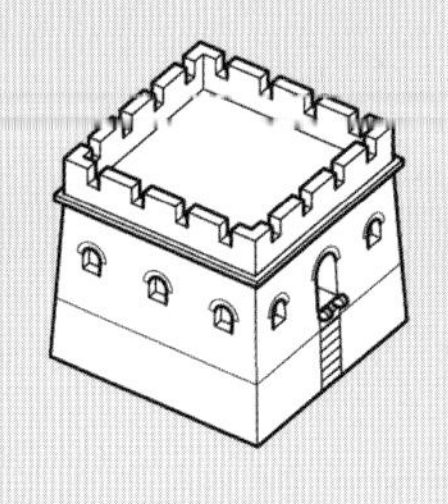

從邊牆進入

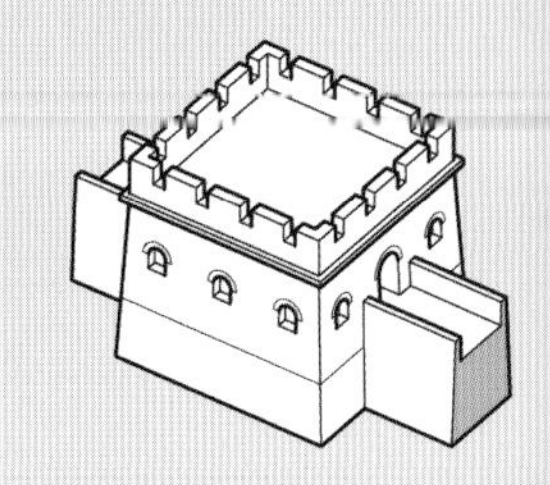

樓櫓

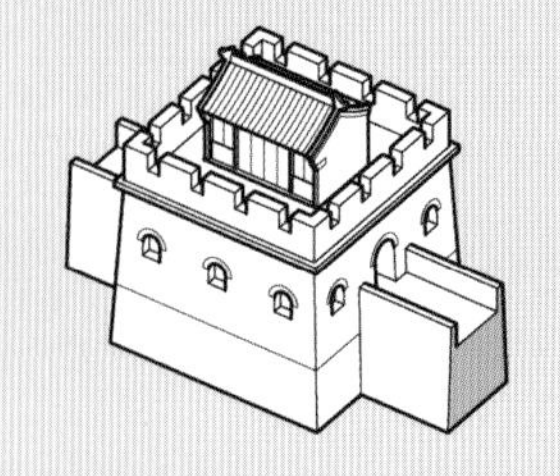

凸出的樓梯出入口

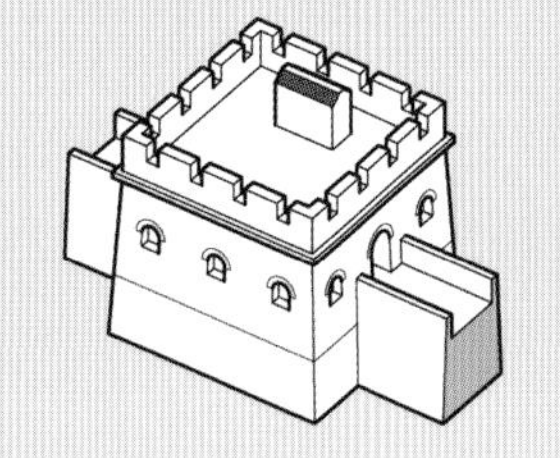

甚麼都沒有

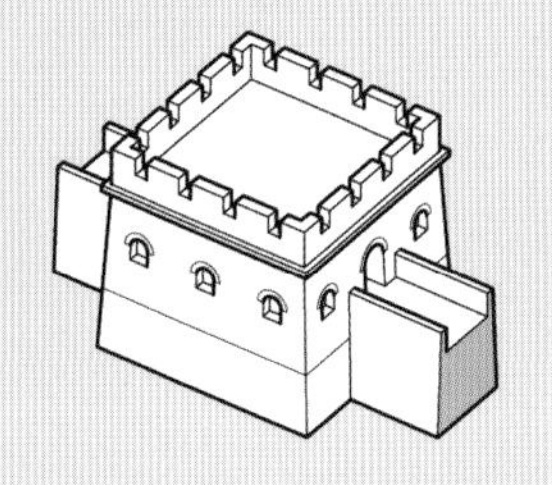

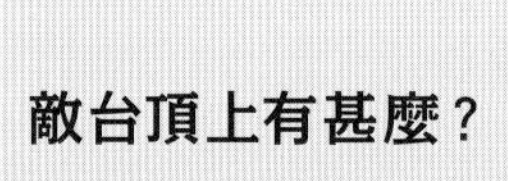

敵台頂上有甚麼？

「上層建樓櫓，環以垛口」是戚繼光對台頂的描述。小的樓櫓只有一開間，大的可以達到三開間且四面出廊。有些敵台不設樓櫓，只有磚砌的樓梯出入口，還有些則只有一個通往下層的洞口。

磚拱＋木樑柱結構

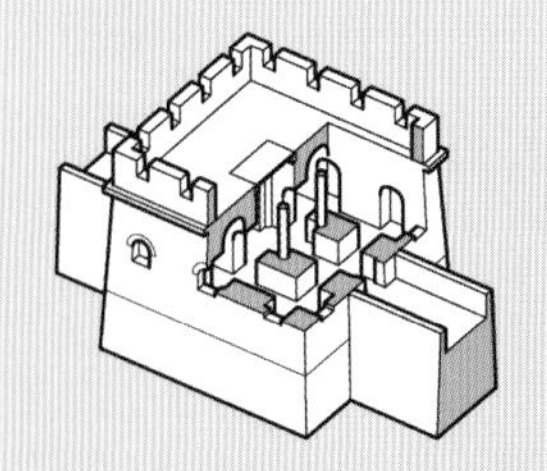

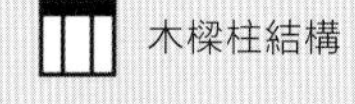

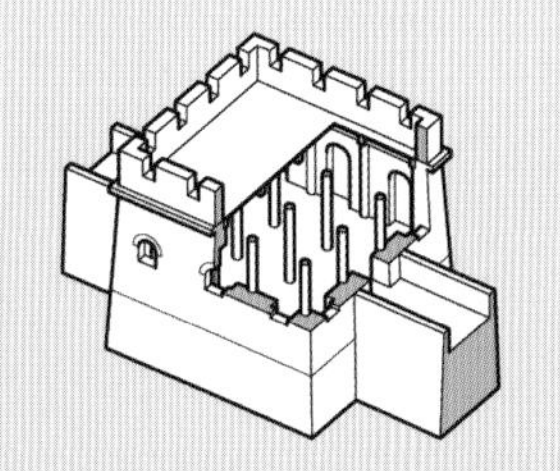

磚拱結構

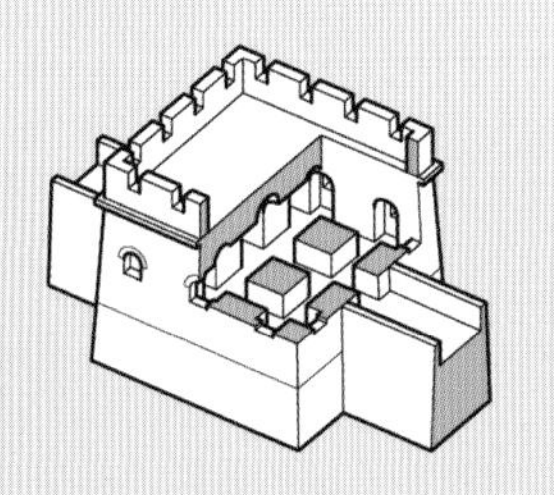

敵台如何屹立不倒？

與我國大部分傳統建築採用木結構不同，絕大多數空心敵台的室內空間都由磚拱支撐，也就是在粗壯的方柱上建拱券，進而支撐屋頂。也有少量敵台採用了木結構，磚木混合結構則更加罕見。

3 層

如古北口「二十四眼樓」

2 層

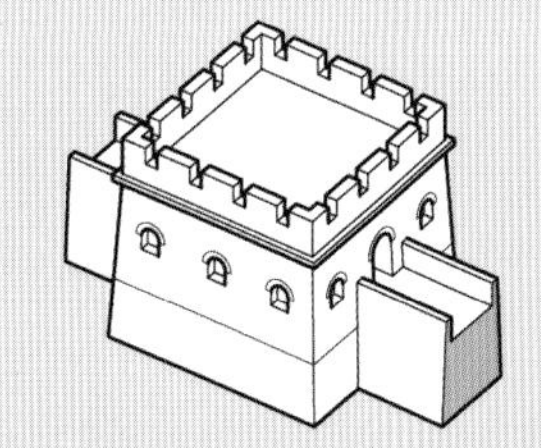

1 層

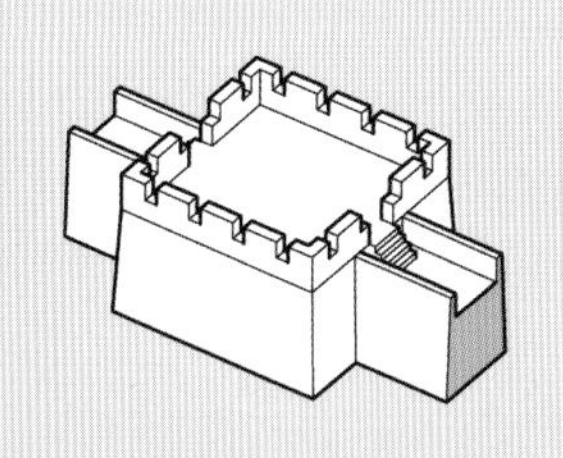

敵台有幾層？

儘管戚繼光最初構想的大型空心敵台為三層——底層駐軍、中層作戰、頂層瞭望，但真正建成的三層敵台並不多，主流仍為兩層。而一層的敵台其實就是高於邊牆卻沒有內室的實心敵台了。

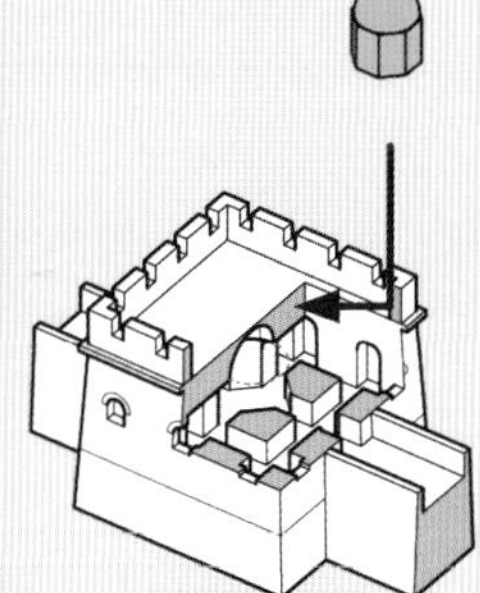
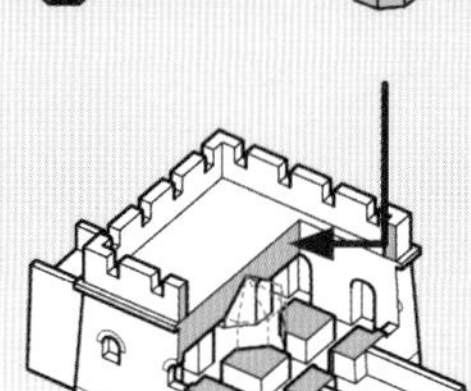
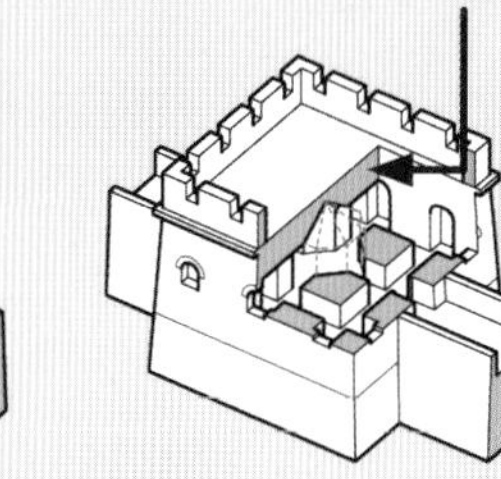

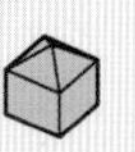
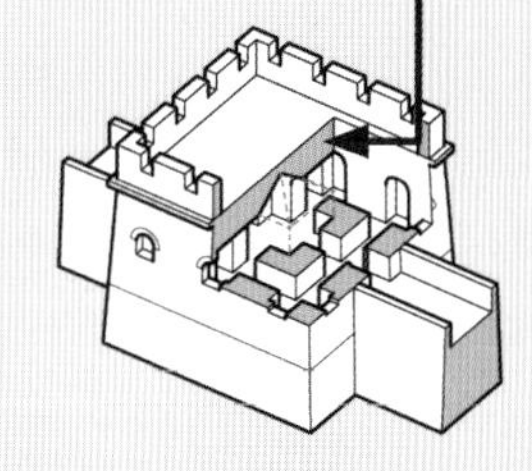

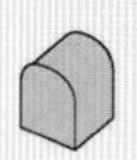
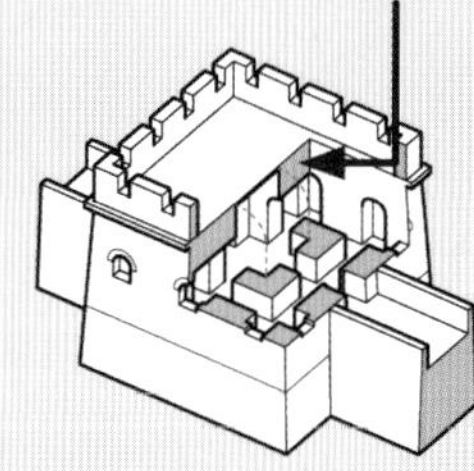
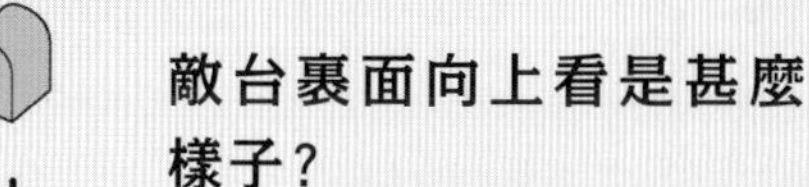

敵台裏面向上看是甚麼樣子？

在敵台的室內，拱頂最為常見，而在拱與拱交叉的地方則可能出現神奇的造型。在昏暗的敵台裏忽然看見一座穹頂的時候，就是「別有洞天」的感覺吧。

敵台如何進入？

橫跨在邊牆上的敵台可以從邊牆頂部輕鬆進入，當二者存在高差時，則會設置幾步台階。獨立於邊牆的敵台，它們的入口一般懸在半空，在入口下方突出兩塊石頭，用來懸掛繩梯，供人上下。

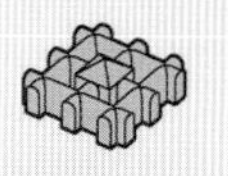

敵台裏面甚麼樣？

對磚拱結構的敵台而言，最直接的組織室內空間的辦法就是在縱向的筒拱壁上交叉幾個橫向筒拱。另一種常見的空間形態則是在敵台中央設一間矩形或八邊形的中心室，周圍以迴廊環繞。

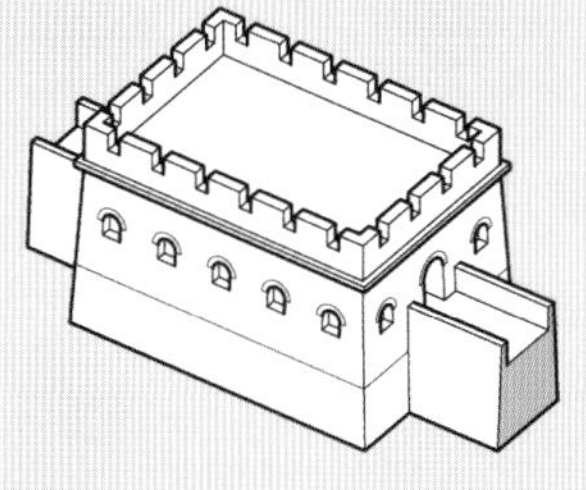
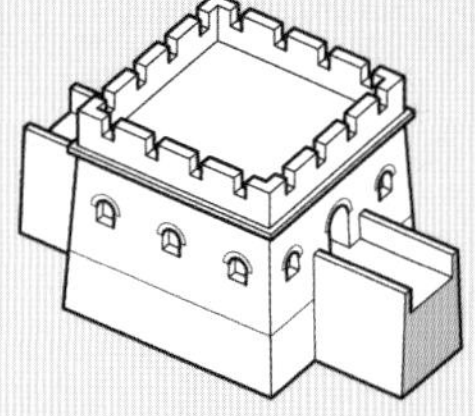
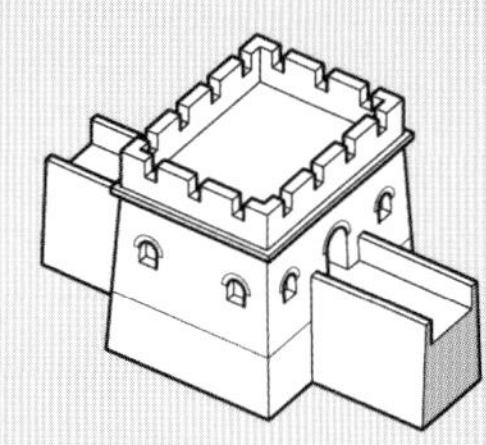
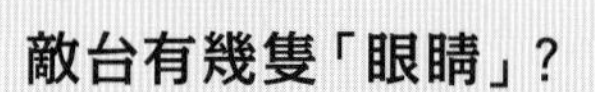

敵台有幾隻「眼睛」？

敵台上開有箭窗，單面有三四個箭窗的最常見，較小的敵台可能只有兩個箭窗，大的則有五六個。現存單面箭窗最多的是慕田峪附近的九眼樓，是的，一些敵台的俗稱直接來自它箭窗的數目。

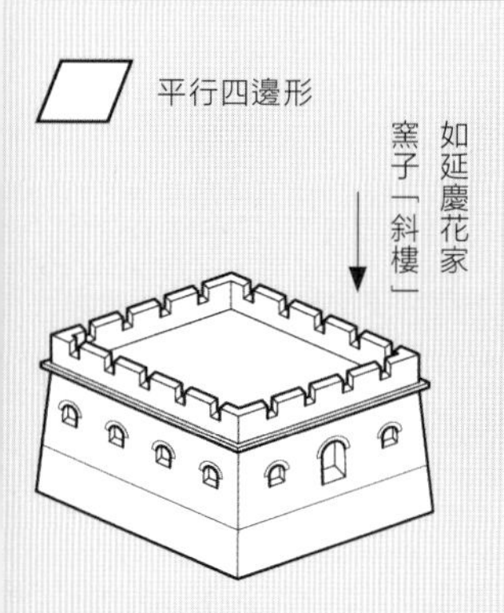

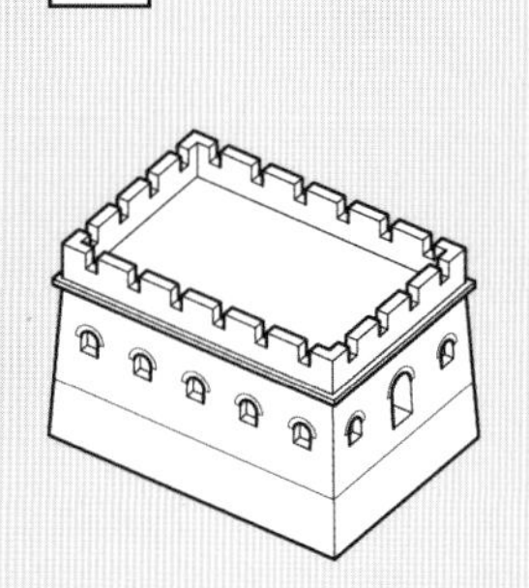
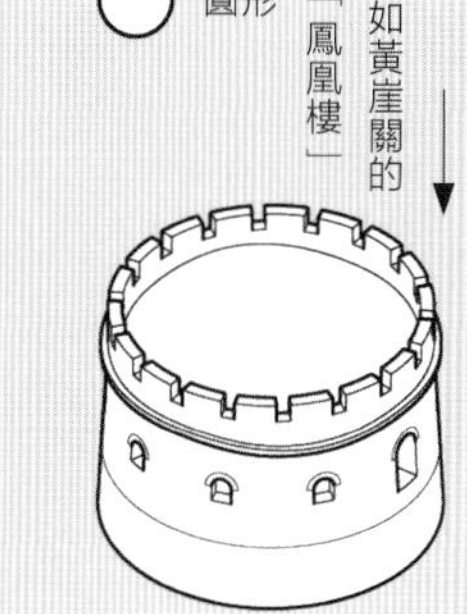

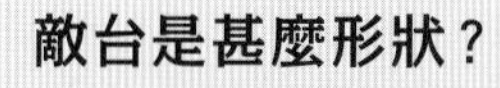

敵台是甚麼形狀？

基於實際作戰需求而建造的敵台形式樸素，往往採用正方形和長方形的建築平面。如果是長方形，與邊牆平行的方向上一般是長邊。相比之下，圓形和平行四邊形的敵台都非常罕見。

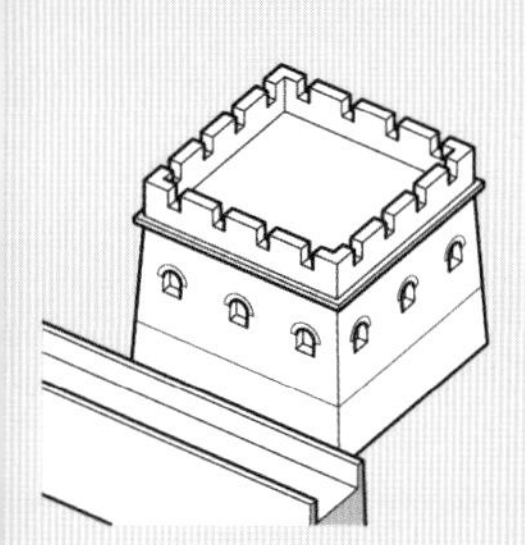

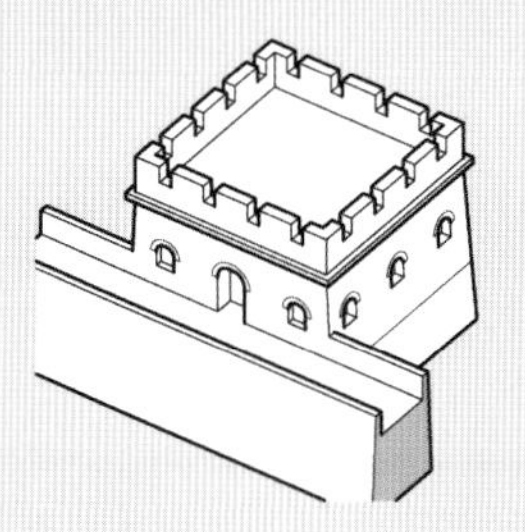

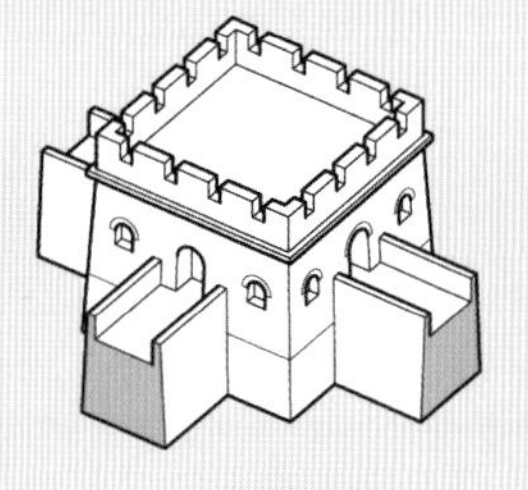

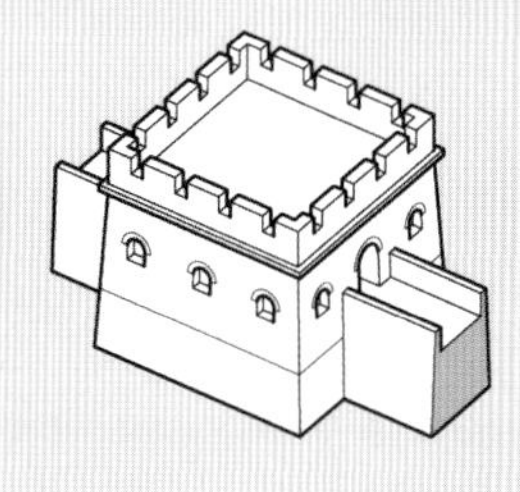

敵台和邊牆的關係？

敵台的一個重要作用就是從側面攻擊，消除牆下射擊死角，所以敵台不會完全收在邊牆之內。絕大多數的空心敵台都橫跨在邊牆上，建於牆的外沿或徹底獨立於牆體的都相對罕見。

2.6 「第一關」

嘉峪關、山海關……「關」是甚麼？

「關」本意為門閂，後引申為邊境上的出入口，常建置在險隘的山口或重要通道。「關」常與長城密切結合，即在長城牆體處留下可供出入的豁口，稱作「關口」，有的建起具有軍防作用的城堡，即為「關城」。

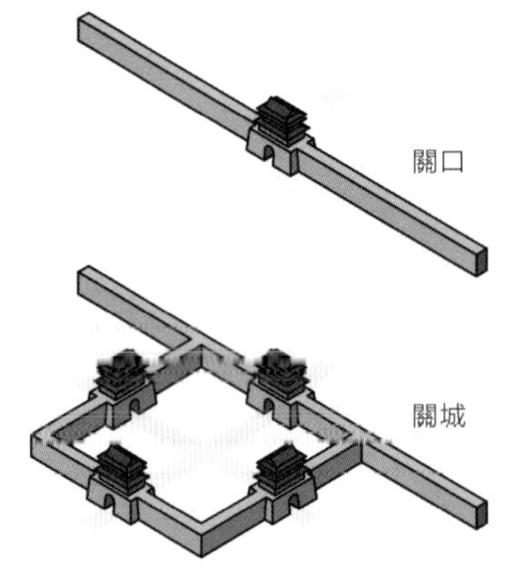

關口和關城

儘管關口就是在長城上設個門，但也可以威武雄壯如大境門。關城的規模則差異更大，對比嘉峪關和山海關便可見一斑。

嘉峪關

嘉峪關是明長城的西部起點，由內城、外城、羅城、甕城、城壕和南北兩翼長城組成，周邊敵台、墩台、堡城星羅棋佈，形成五里一燧，十里一墩，三十里一堡，百里一城的防禦體系。

關台

橫跨關牆的高台，關門門洞設於台體正中，台上可設城門樓。還包括馬面及角台。

登城馬道或步道

一般呈 45 度，寬度多為 6 米，即可供 3 輛馬車並行，是兵馬登城的必經之路，也是城防兵馬在城下做全面部署的專用通道。

關牆

關城的城牆，堅固性高於邊牆，體量大於一般城牆，寬度通常不小於四馬並騎，內外檐牆築女牆，外檐牆女牆更高，一般為垛牆。

箭樓

角樓

敵樓

遊擊將軍府

馬道

光化門

關帝廟

文昌閣

戲台

朝宗門

柔遠門

甕城

會極門

城壕

關內建築

根據不同的使用職能，關城城內建築可劃分為供軍事用途的行政部門、供士兵居住操練的場所和寺廟、鐘鼓樓、驛遞設施等其他用房。

「天下第一雄關」

出自清同治末年左宗棠駐節肅州時，整修關牆與關樓，並為嘉峪關樓題寫的「天下第一雄關」匾額。

天下第一雄關

關門

關隘的主體部分，不僅是戰時關隘防禦的組織核心所在，同時也是平時盤查行旅、徵收關稅等履行關隘行政職能的門戶。

定城磚

相傳在修建嘉峪關時，有一名技術高超的工匠叫易開占，他提出一個精確的用材方案。嘉峪關完工時，所有材料只剩下一塊磚，放在西甕城會極門的後檐台上，以紀念工匠們。

千城千面

除山海關和嘉峪關外，長城沿線還有很多著名的關隘，因所處位置和地理條件的不同，它們的尺寸和形態各異。

關城城牆　周圍邊牆　主要道路

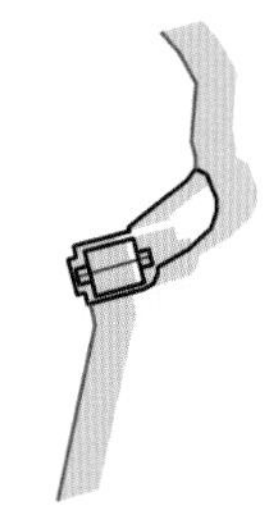

嘉峪關

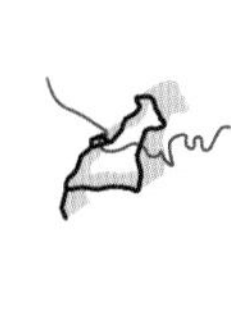

雁門關

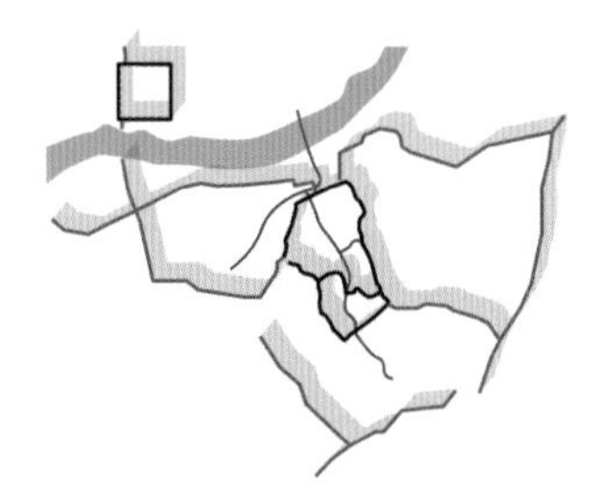

紫荊關

八達嶺

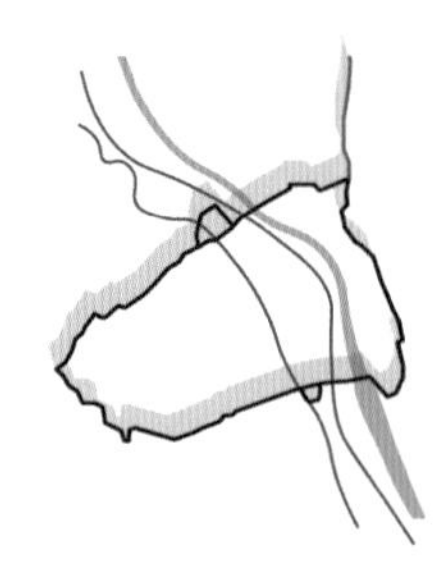

居庸關

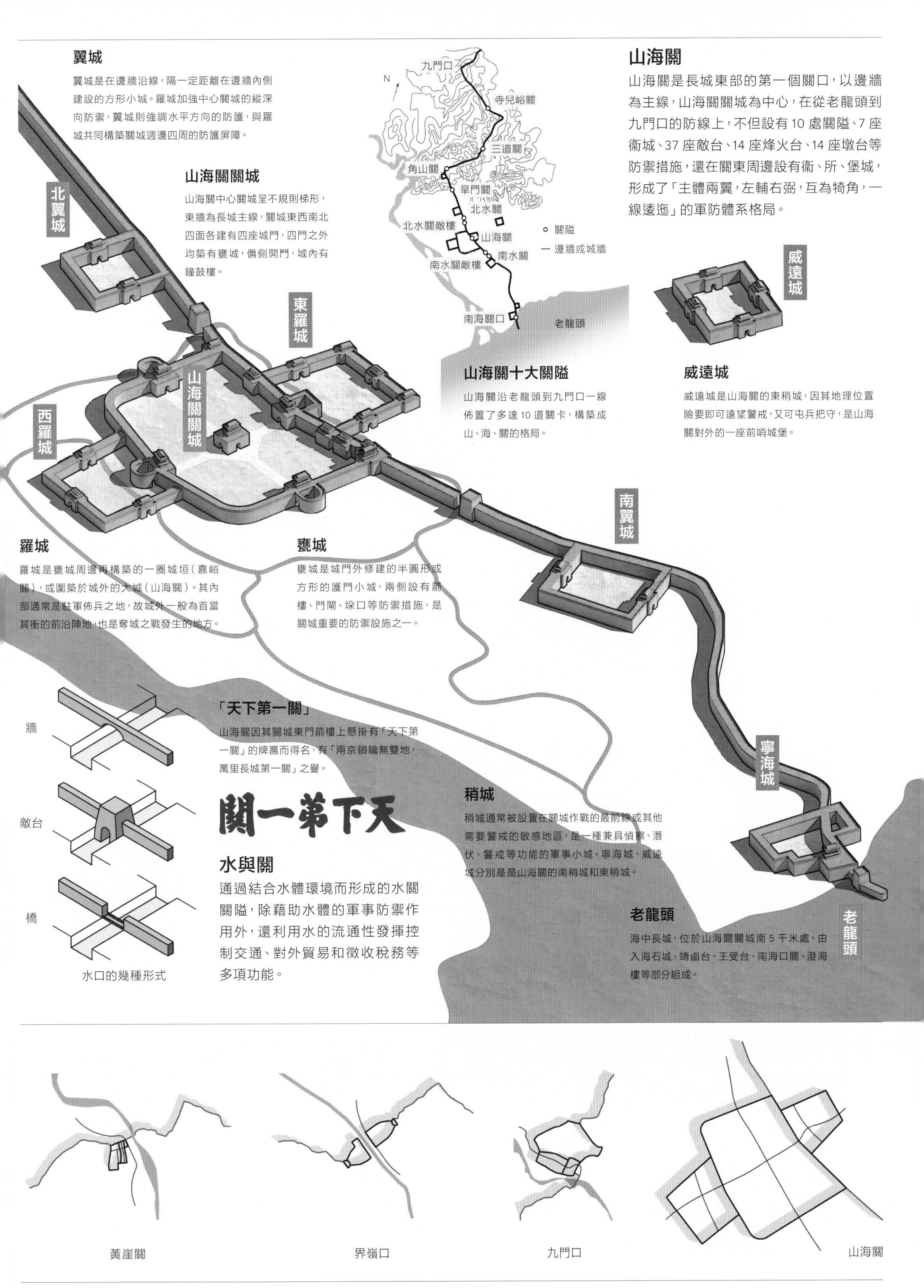
翼城
翼城是在邊牆沿線，隔一定距離在邊牆內側建設的方形小城。羅城加強中心關城的縱深向防禦，翼城則強調水平方向的防護，與羅城共同構築關城週邊四周的防護屏障。
山海關關城
山海關中心關城呈不規則梯形，東牆為長城主線，關城東西南北四面各建有四座城門，四門之外均築有甕城，偏側開門，城內有鐘鼓樓。
北翼城
東羅城
山海關關城
西羅城
九門口
N
寺兒峪關
三道關
角山關
旱門關
北水關
北水關敵樓
山海關
南水關
南水關敵樓
南海關口
老龍頭
○ 關隘
一 邊牆或城牆
山海關
山海關是長城東部的第一個關口，以邊牆為主線，山海關關城為中心，在從老龍頭到九門口的防線上，不但設有 10 處關隘、7 座衛城、37 座敵台、14 座烽火台、14 座墩台等防禦措施，還在關東周邊設有衛、所、堡城，形成了「主體兩翼，左輔右弼，互為犄角，一線逶迤」的軍防體系格局。
威遠城
山海關十大關隘
山海關沿老龍頭到九門口一線佈置了多達 10 道關卡，構築成山、海、關的格局。
威遠城
威遠城是山海關的東稍城，因其地理位置險要即可遠望警戒，又可屯兵把守，是山海關對外的一座前哨城堡。
南翼城
羅城
羅城是甕城周邊再構築的一圈城垣（嘉峪關），或圍築於城外的大城（山海關）。其內部通常是駐軍佈兵之地，故城外一般為首當其衝的前沿陣地，也是奪城之戰發生的地方。
甕城
甕城是城門外修建的半圓形或方形的護門小城，兩側設有箭樓、門閘、垛口等防禦措施，是關城重要的防禦設施之一。
牆
敵台
橋
水口的幾種形式
「天下第一關」
山海關因其關城東門箭樓上懸掛有「天下第一關」的牌匾而得名，有「兩京鎖鑰無雙地，萬里長城第一關」之譽。
關一第下天
水與關
通過結合水體環境而形成的水關關隘，除藉助水體的軍事防禦作用外，還利用水的流通性發揮控制交通、對外貿易和徵收稅務等多項功能。
寧海城
稍城
稍城通常被設置在關城作戰的最前線或其他需要警戒的敏感地區，是一種兼具偵察、潛伏、警戒等功能的軍事小城。寧海城、威遠城分別是是山海關的南稍城和東稍城。
老龍頭
老龍頭
海中長城，位於山海關關城南 5 千米處。由入海石城、靖鹵台、王受台、南海口關、澄海樓等部分組成。
黃崖關
界嶺口
九門口
山海關

2.7 既要堅固，也要美觀

為了讓長城變得更美，古人都有哪些辦法？

修建長城是為了抵禦外敵——仗打起來，好像跟「美還是不美」沒甚麼關係。但是，人類就是對美有着普遍和樸素的追求，即便是在功能至上的長城上，工匠們仍然花了精妙的心思來裝飾它。

長城上的書法展

大境門 張家口
1927 年察哈爾都統
高維嶽 所寫

天下第一關

1.55 米

5.90 米

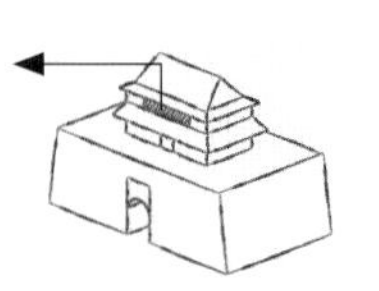

山海關關城鎮東樓 牌匾
據說是明代進士蕭顯書寫的

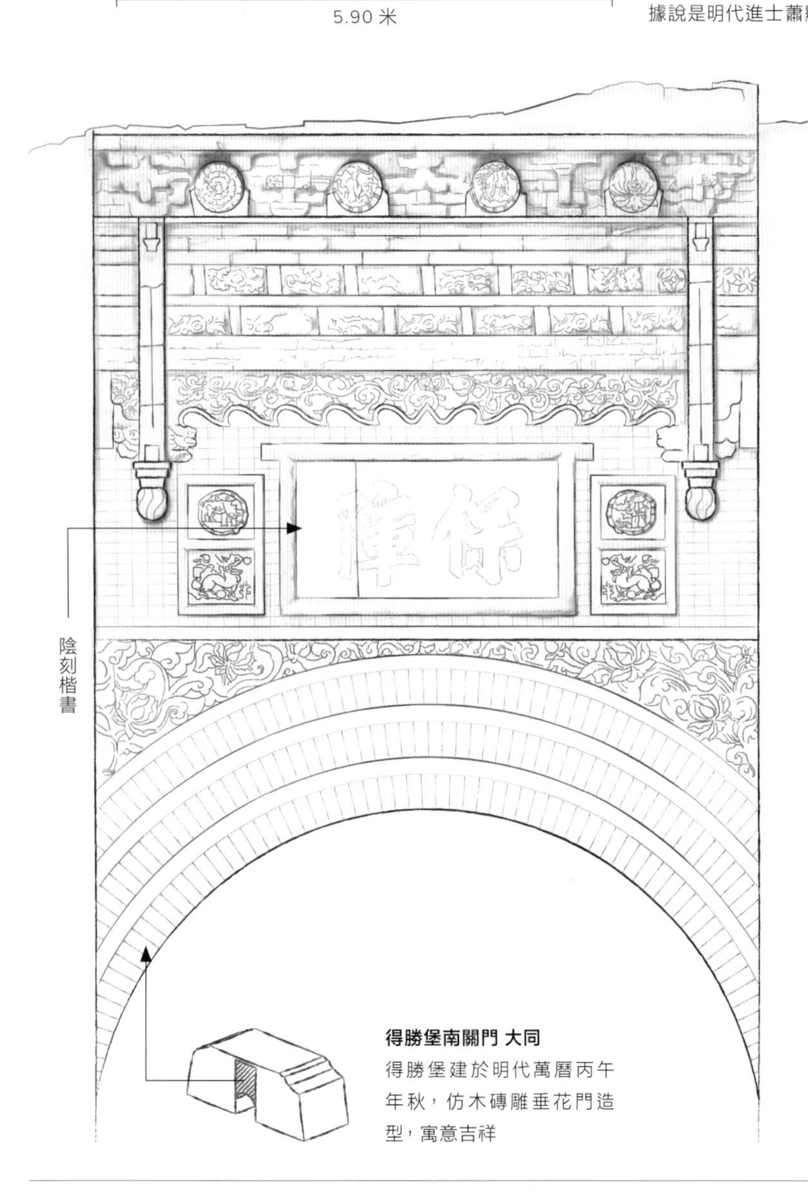

得勝堡南關門 大同
得勝堡建於明代萬曆丙午年秋，仿木磚雕垂花門造型，寓意吉祥

怎樣把射孔也做出特點？

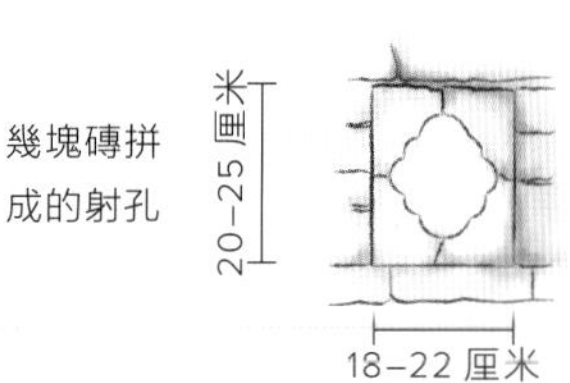

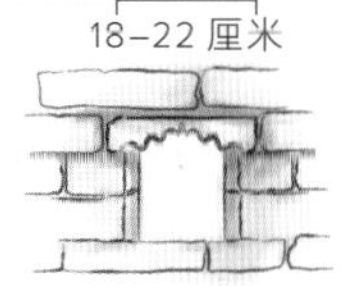

似武將頭盔、官帽形狀，寓意升官發財，衣錦還鄉

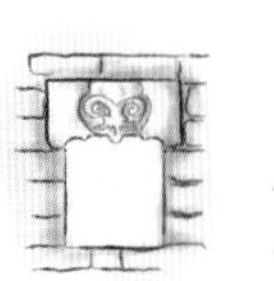

深浮雕與線刻結合

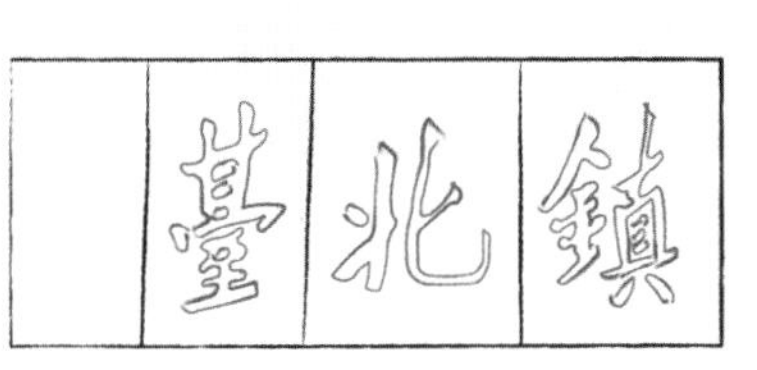

鎮北台 榆林 （陰刻）
原匾額被毀后，由現代書法家魏傳統所題

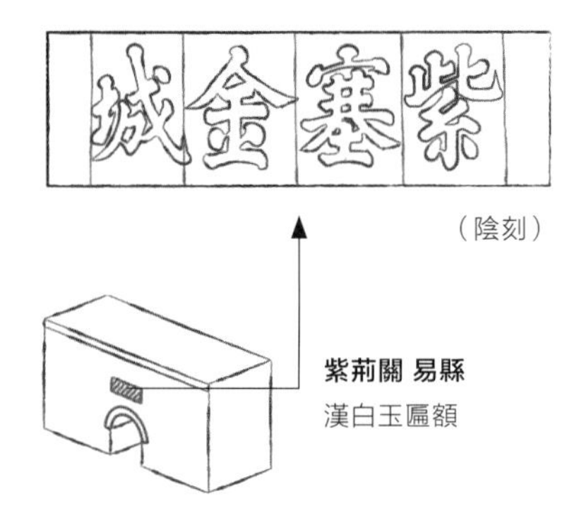

紫荊關 易縣
漢白玉匾額

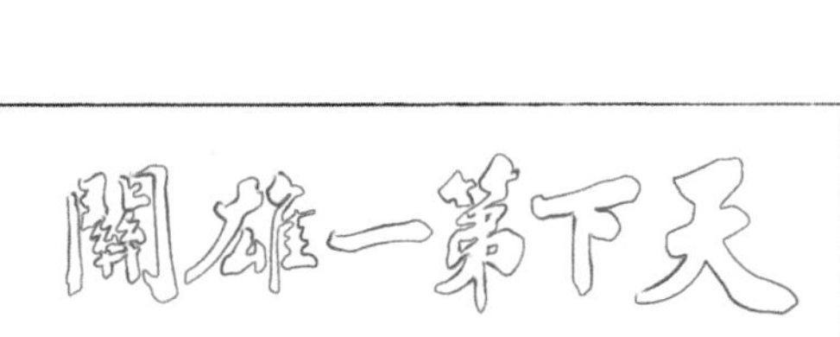

嘉峪關的「天下第一雄關」牌匾
由現代書法家趙樸初所書

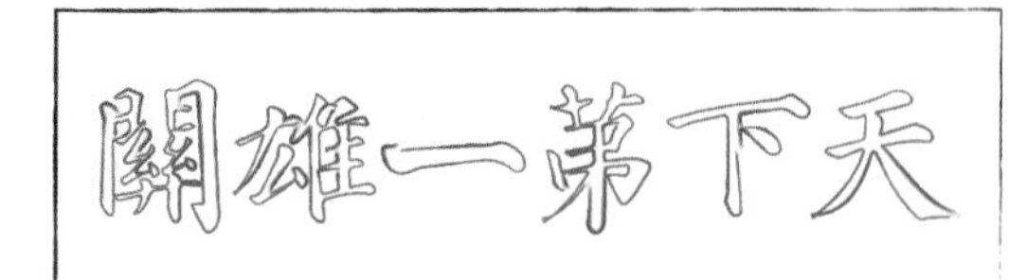

居庸關城樓的「天下第一雄關」牌匾
1983 年修復城樓時，從顏真卿字帖中用顏體字拼合而得

裝飾敵台的幾種方法

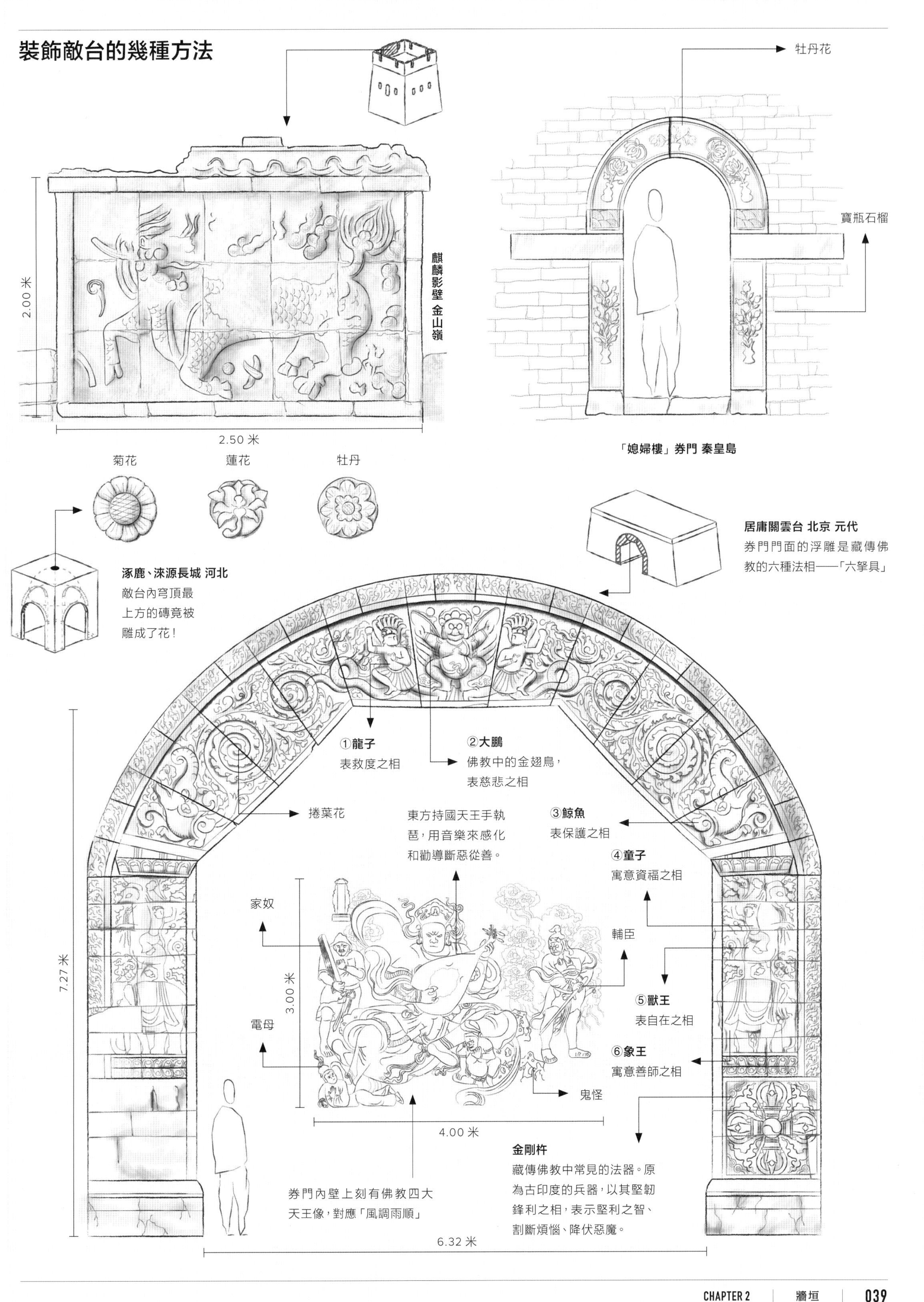

2.00 米
2.50 米
麒麟影壁 金山嶺
牡丹花
寶瓶石榴
「媳婦樓」券門 秦皇島
菊花
蓮花
牡丹
涿鹿、淶源長城 河北
敵台內穹頂最
上方的磚竟被
雕成了花！
居庸關雲台 北京 元代
券門門面的浮雕是藏傳佛
教的六種法相——「六拏具」
①龍子
表救度之相
②大鵬
佛教中的金翅鳥，
表慈悲之相
捲葉花
東方持國天王手執
琶，用音樂來感化
和勸導斷惡從善。
③鯨魚
表保護之相
④童子
寓意資福之相
家奴
輔臣
3.00 米
7.27 米
電母
⑤獸王
表自在之相
⑥象王
寓意善師之相
鬼怪
4.00 米
金剛杵
藏傳佛教中常見的法器。原
為古印度的兵器，以其堅韌
鋒利之相，表示堅利之智、
割斷煩惱、降伏惡魔。
券門內壁上刻有佛教四大
天王像，對應「風調雨順」
6.32 米

CHAPTER 3

FRONT LINE

不知你有沒有想過這樣一個問題：一道通常高 3 ～ 6 米的大牆，說矮不矮，說高好像也不是很高，在邊境地帶綿延成千上萬千米，真的能防住敵人嗎？

我們容易把長城單純地想像為一堵牆，但事實上它是一個系統。長城的防禦作用不僅是簡單地用牆來阻擋敵軍，還體現在駐紮官兵、傳遞軍情、提供後勤等諸多方面。所以，與其把長城想像成刀光劍影的戰場，不如將它理解為靜悄悄的卻永遠緊繃着一根弦的前線地帶。

3.1 一堵牆並不夠

是甚麼組成了完整的長城防禦體系？

我們印象里的長城，主要是一堵長長的邊牆，和跨在它上面的敵台。事實上，長城是一個完整的軍事防禦體系，邊牆和敵台是系統中位於前線的物理屏障，它們身前身後還有很多其它東西。本圖所展示的，就是在明代九邊中的大同鎮，這個體系是怎樣佈局的。

「九邊」是明代弘治年間在北部邊境設立的九個軍事重鎮。嘉靖年間又在京師西北增設了昌平鎮和真保鎮，萬曆年間又從薊州鎮分出山海鎮，從固原鎮分出臨洮鎮，成為九邊十三鎮的格局。

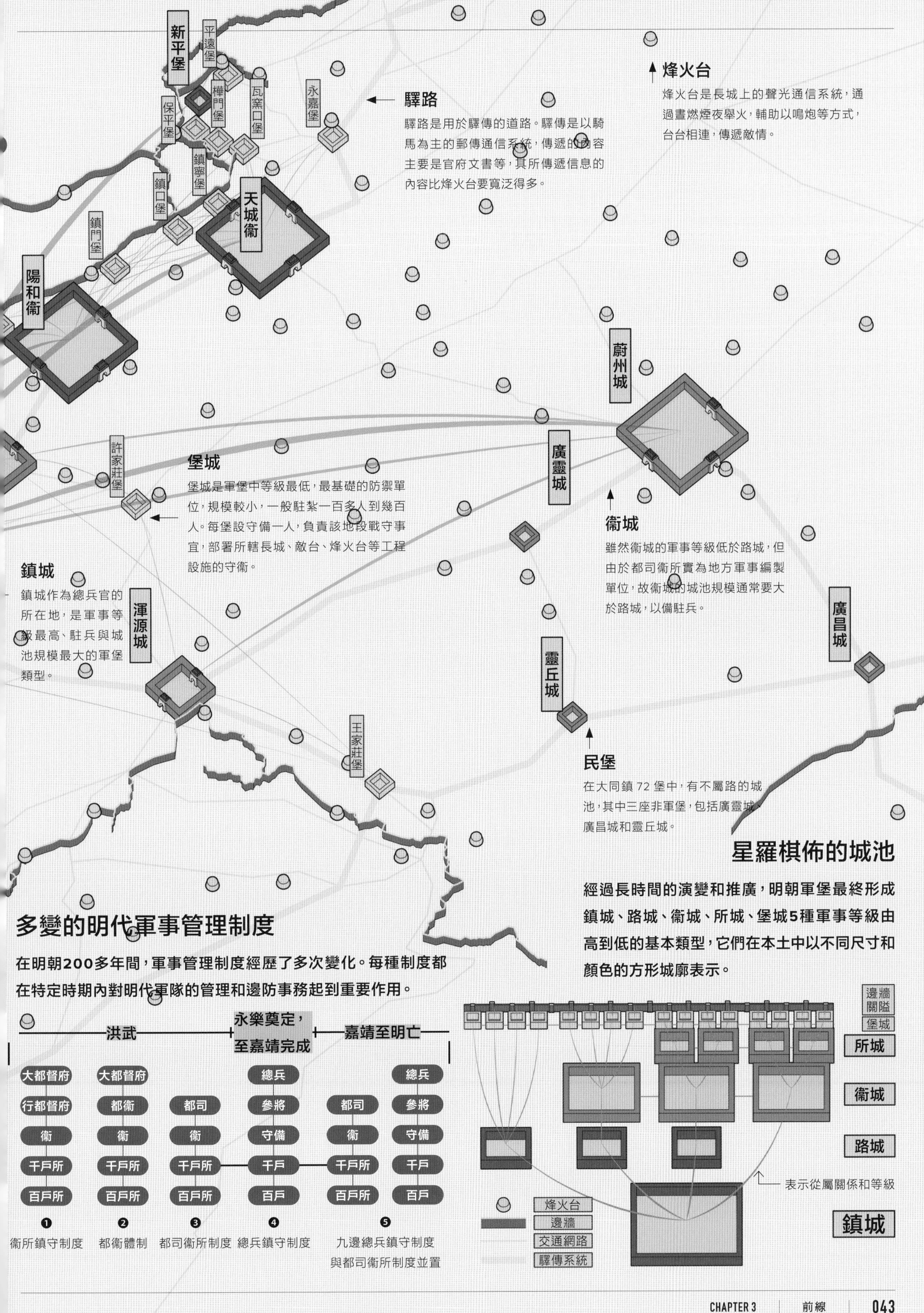

星羅棋佈的城池

經過長時間的演變和推廣，明朝軍堡最終形成鎮城、路城、衛城、所城、堡城5種軍事等級由高到低的基本類型，它們在本土中以不同尺寸和顏色的方形城廓表示。

多變的明代軍事管理制度

在明朝200多年間，軍事管理制度經歷了多次變化。每種制度都在特定時期內對明代軍隊的管理和邊防事務起到重要作用。

3.2 十萬大軍

是誰駐紮在長城前線？

建長城以來，無數官兵鎮守於長城之上，軍隊體系也隨着朝代的變化而更迭。到了明朝中後期，九邊的駐軍管理制度發展得十分複雜。這張圖將着重解釋發源於明代中後期的總兵鎮守制下的軍隊構成，並與貫穿明朝始終的都司衛所制下的軍隊構成進行對比。

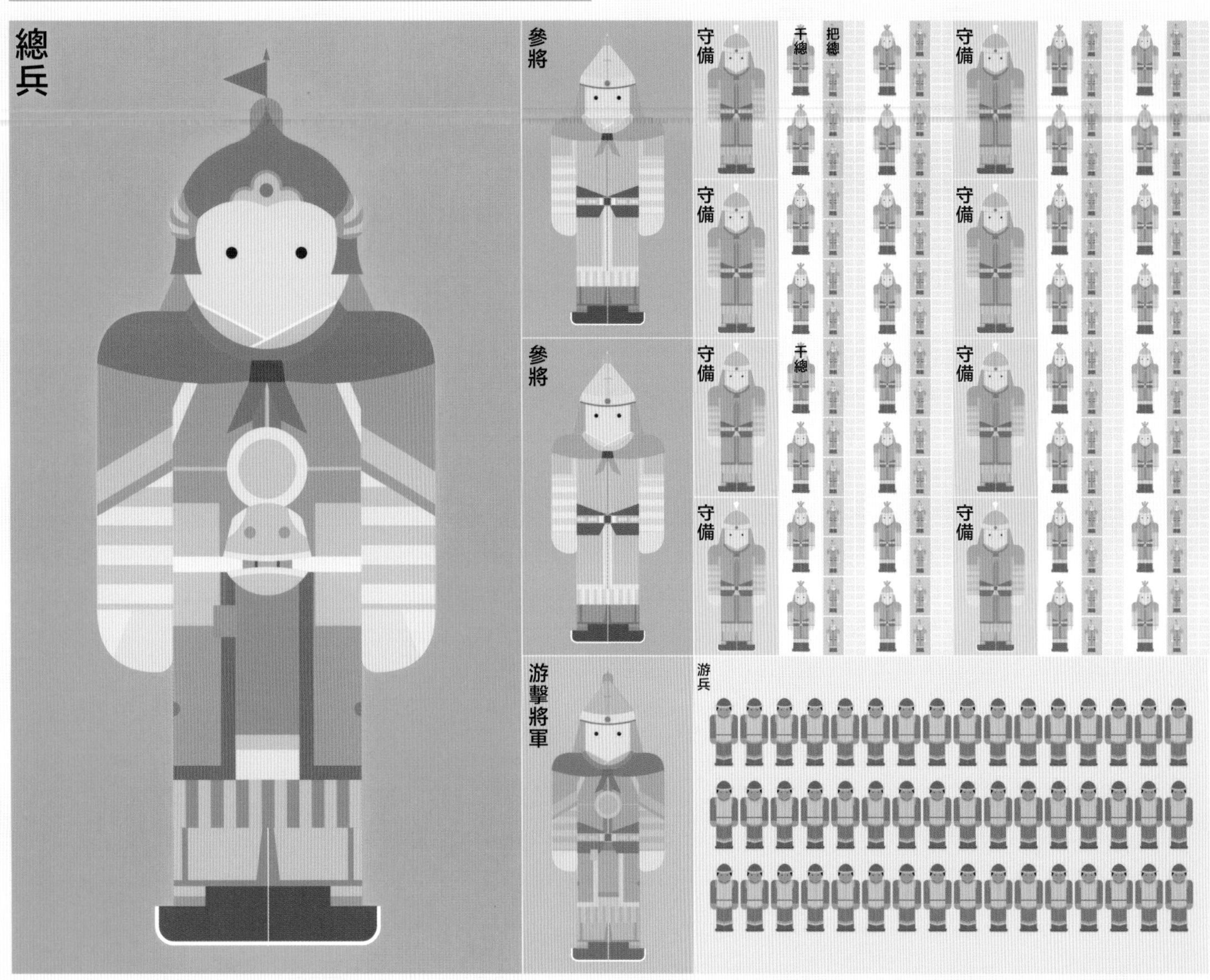

都司衛所制下，各級官兵有着明確的數量關係：一個衛有 5600 人，分為 5 個千戶；每個千戶 1120 人，分為 10 個百戶；每個百戶 112 人，設 2 名總旗、10 名小旗，每名小旗則有 10 個兵。

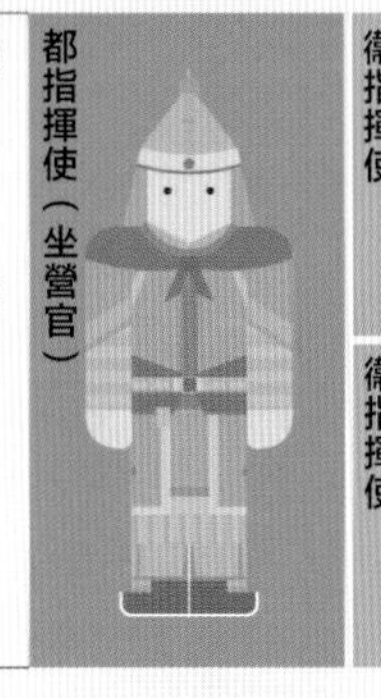

衛指揮使

衛指揮使

千户 百户 1 2 3 百户 4 5 3

千户 1 2 4 5

拿出一個百戶看看

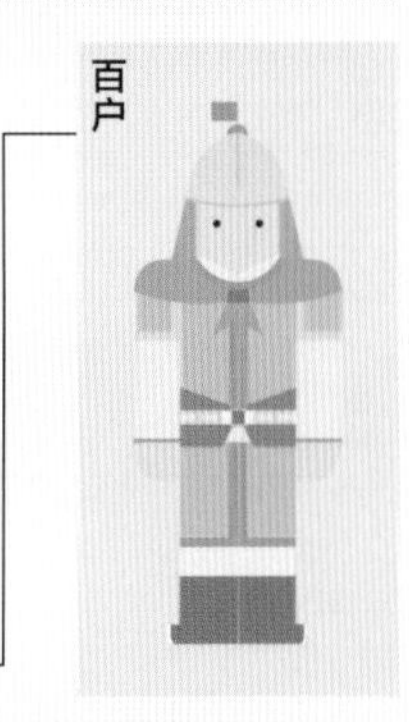

文武相制

為了平衡各方力量，明政府逐漸完善了文臣參政和監軍體系，有效削弱武將勢力，形成文武相制的局面。

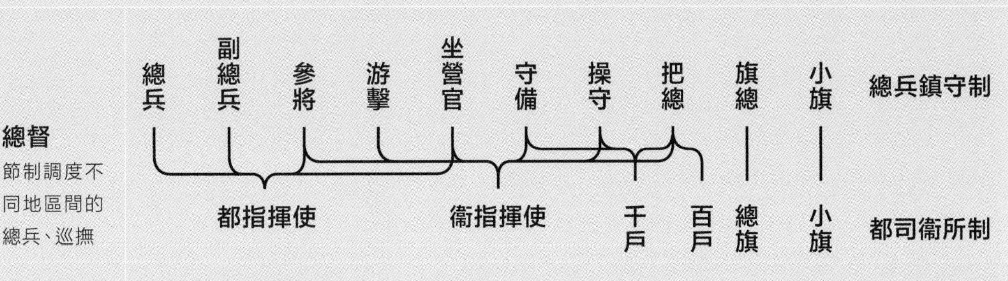

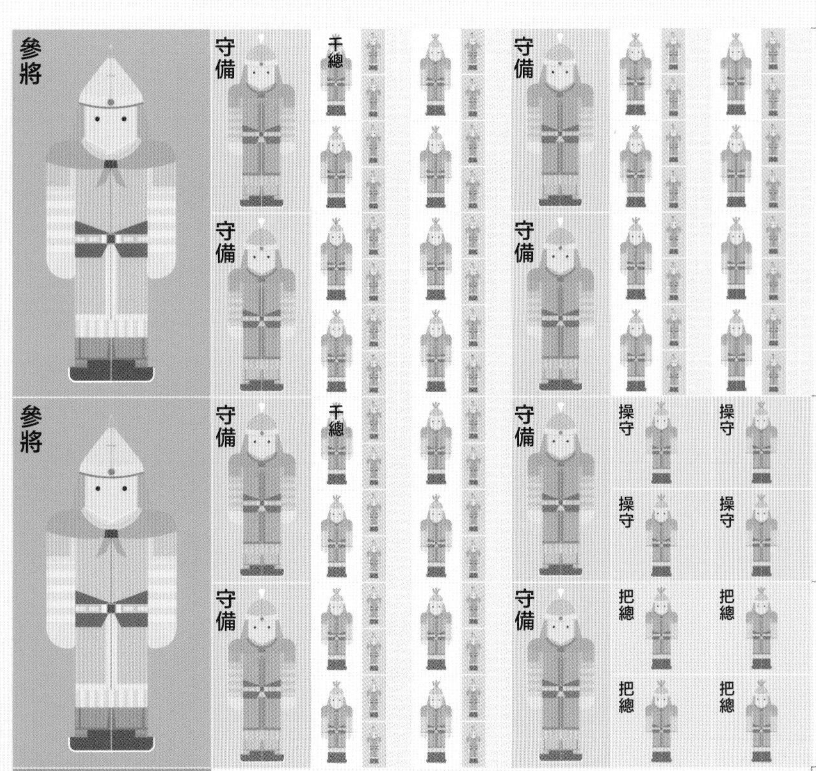

明朝中後期的總兵鎮守制

總兵鎮守制發展於明朝中後期，與都司衛所制並存。總兵由中央委派，負責鎮守一方，副總兵與總兵協守同一地區，參將分守一路，守備獨守一城或一堡，形成鎮守、協守、分守、守備的四級防禦體系。游擊將軍則直接從屬於總兵，地位略低於參將，負責統領遊兵作為機動部隊，支援四方。

總兵　參將　守備　操守
把總（前期）　把總／千總　把總（後期）　把總／百總
游擊將軍　游兵　坐營官　兵

守城官職

守備是重要城堡的防守將領，一般隸屬於參將。
守備之下，守城的官職名稱不一，比較普遍的是操守和把總。
操守主要分佈於九邊，把總則遍佈全國。
通常，守備－操守－把總地位依次降低。

不斷變化的把總

把總一職，前期統指守城兵官。
把總逐漸分化成千總－把總－百總，
有「每台一百總，五台一把總，十台一千總，節節而制之」之說。
有時，把總也會與百總混稱。

坐營官

兩套班子，一套人馬？

總兵鎮守制中的總兵通常由中央直接委任，而副總兵、參將、守備等職位則多由都司衛所制中的都指揮使、衛指揮使兼任，
把總等官職則從指揮使、千戶等中選用。
坐營官一職，常由某指揮使直接任職，下統相應都司衛所中的各類兵官。
與之類似，都司衛所制之中的總旗也常在實戰中被直接徵用。

總兵鎮守制下的武官體系並非定員制，各地配置並不相同。
比如下圖中的例子，就是萬曆年間山西鎮真實的武官數量。

總兵 1人
參將 6人
守備 13人
操守 2人
副總兵 1人
游擊將軍 1人
坐營官 1人

總旗
小旗
1 2 3 4 5
總旗
每兩個總旗擢一成為百總

都司衛所制下的軍籍世襲，世代為兵。如果有士兵不幸戰死，則需由同一戶的其他人頂上。

總貫穿明朝始終的都司衛所制

都司衛所制形成於明初期，主要體現了軍隊編制按照「中央－都司－衛－所」的關係層層管控。隨着總兵鎮守制的發展，都司衛所制的地位不斷下降，明朝後期基本成為了從屬，並這樣被一直保留到明朝結束。

都指揮使　衛指揮使　千總　百總
總旗　小旗　兵

3.3 重重設防

敵人來了怎麼辦？

歷朝歷代，修築長城最重要的目的就是防禦，那麼長城上的官兵究竟是怎樣應對外敵的呢？而作為入侵者，又是用哪些方法來試圖跨越長城的阻擋呢？

（本圖以明代的情況為例）

防守要義

城內要守，
城外也要防！

守方（圖中守方戰術為**黑字**）

攻擊要義

攻擊、偷襲，
還可以毀城！

攻方（圖中攻方戰術為綠字）

物資

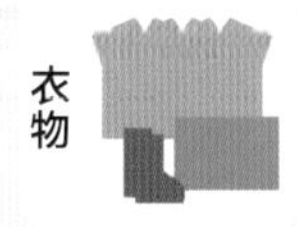

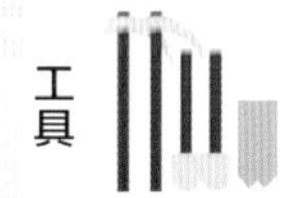

防・後備倉儲

空心敵樓下層儲藏
上層有哨房住人巡

水袋與沙石：城上常備救火物品，遇強火則投擲水袋，遇煙霧則以濕沙、碎石等覆蓋。

布幔：士兵利用布幔遮擋炮彈、石塊等攻擊物。

煮開的排泄物：把人類排泄物煮開后從長城上澆下去，可把敵人燙傷，傷口還會因接觸污物感染，一舉兩得。

防・長短兼備

火器、弓弩等遠端武器可以阻擋射程內的進攻者。兵臨城下時則可以投擲次礌石、石灰等。

敵樓

防・敵情

掩面：遇到煙霧攻擊時以濕布覆蓋口鼻。

礌木、礌石：從高處投擲的木、石，用於遠距離攻擊。

地道偷襲：挖掘地道意在直接從城內攻擊偷襲。

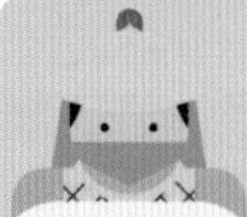

石灰：於城牆之上揚灑石灰以迷害入侵者眼目。

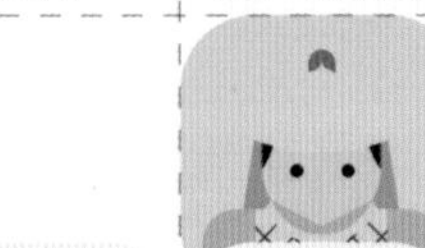

瞭望兵

火攻與煙熏：縱火同時產生煙霧干擾守城士兵的視線。

戰車：戰車常配有火器、護盾等。

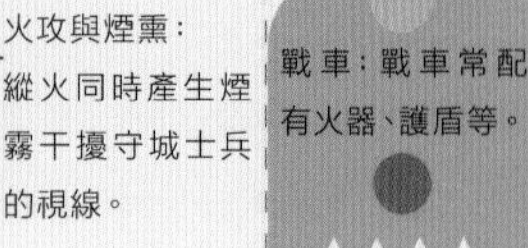

攻・損毀城牆

破壞長城是一種常見的進攻方法，具體包括火燒、水淹、物理撞擊等。其優勢在於減少與守城士兵的正面接觸，不過也要考慮城牆的牢固程度。

攻・直接進攻

最直接的方式是正面進攻，這時參戰兵士的戰鬥力和武器的精良程度對於戰爭勝負就非常關鍵，這也有力地促進了中國軍事的發展。

拒馬槍：多支長槍插在橫木上，槍尖向外，設於要害處，防禦騎兵突擊。

燒荒：守城兵士定期焚燒長城外的草，以減少敵方戰馬所需的草料。

防・改造自然

因地制宜、改造自然是古代軍事的重要原則之一，長城戰線也不外如此。將地勢、河流、林木等自然因素稍加改造，長城外就能多幾道天然屏障。

綠色藩籬：在長城外側廣種榆、柳、桃等樹木，可以降低敵軍人馬的機動性。

攻・適當隱蔽

進攻者也可以利用樹木，比如隱藏兵力。如果隱蔽成功，就可以出其不意，攻其不備，從而取得戰鬥的先機。

武器

火炮

刀槍藤牌

擲物

戰車

火槍

弓弩

石灰

排泄物

計謀

草木皆兵

城中居民牛馬都披上戰甲，敵人就無從判斷真實兵力。

疲兵之計

夜間擂鼓一、二次，偽作出師，干擾使敵人夜不得寐。

將計就計

敵人有兵來襲，偽為不知，開門以待，出奇兵以伏之。

刺探敵情

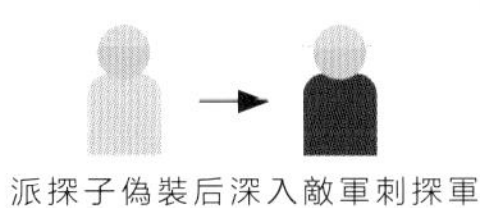

派探子偽裝后深入敵軍刺探軍情，再從暗門返還報告。

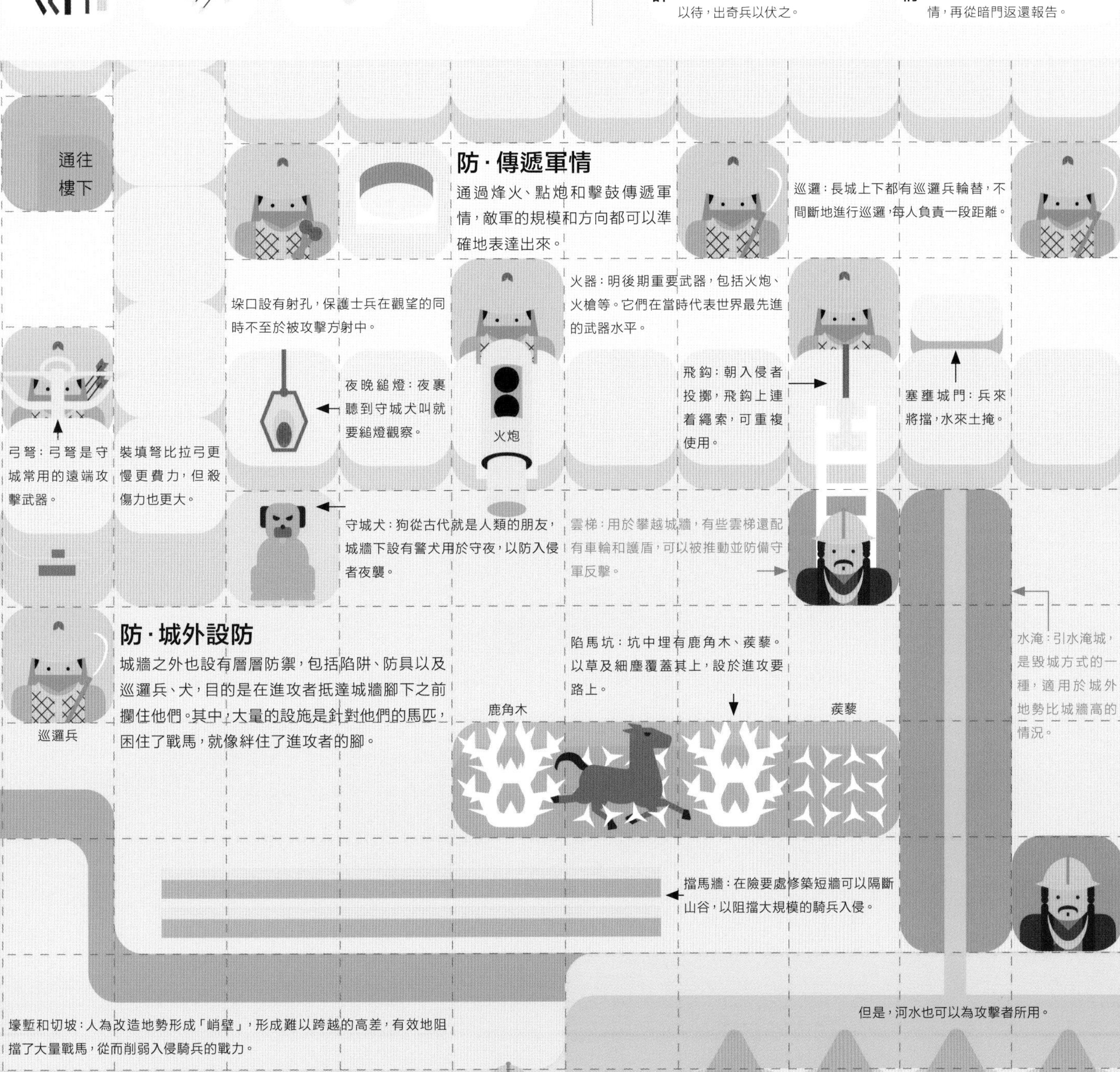

通往樓下

防·傳遞軍情

通過烽火、點炮和擊鼓傳遞軍情，敵軍的規模和方向都可以準確地表達出來。

巡邏：長城上下都有巡邏兵輪替，不間斷地進行巡邏，每人負責一段距離。

垜口設有射孔，保護士兵在觀望的同時不至於被攻擊方射中。

火器：明後期重要武器，包括火炮、火槍等。它們在當時代表世界最先進的武器水平。

夜晚縋燈：夜裏聽到守城犬叫就要縋燈觀察。

火炮

飛鈎：朝入侵者投擲，飛鈎上連着繩索，可重複使用。

塞壅城門：兵來將擋，水來土掩。

弓弩：弓弩是守城常用的遠端攻擊武器。

裝填弩比拉弓更慢更費力，但殺傷力也更大。

守城犬：狗從古代就是人類的朋友，城牆下設有警犬用於守夜，以防入侵者夜襲。

雲梯：用於攀越城牆，有些雲梯還配有車輪和護盾，可以被推動並防備守軍反擊。

防·城外設防

城牆之外也設有層層防禦，包括陷阱、防具以及巡邏兵、犬，目的是在進攻者抵達城牆腳下之前擱住他們。其中，大量的設施是針對他們的馬匹，困住了戰馬，就像絆住了進攻者的腳。

巡邏兵

陷馬坑：坑中埋有鹿角木、蒺藜。以草及細塵覆蓋其上，設於進攻要路上。

鹿角木

蒺藜

水淹：引水淹城，是毀城方式的一種，適用於城外地勢比城牆高的情況。

擋馬牆：在險要處修築短牆可以隔斷山谷，以阻擋大規模的騎兵入侵。

但是，河水也可以為攻擊者所用。

壕塹和切坡：人為改造地勢形成「峭壁」，形成難以跨越的高差，有效地阻擋了大量戰馬，從而削弱入侵騎兵的戰力。

護城河：長城周邊的水系常被改造利用成為護城河，為抵禦入侵者增加一條天然防線。

攻·善用戰馬

進攻長城的一方大多是遊牧民族，以騎兵見長，具備極強的機動性，所以戰馬的存在和使用尤為重要。

3.4 烽火密碼

古人是如何用烽火傳遞情報的？

烽火台是在邊防線上為傳遞戰事資訊而修築的高於地面的墩台型建築，始於戰國，形成於秦漢，於明代發展成熟。烽火台相鄰分佈，隨時監視敵情，並通過一整套「烽火密碼」快速傳遞着信息。

傳遞資訊，不只靠點火

事實上，「烽火」並不是一種東西。「烽」在白天使用，以煙為信號，「火」是夜晚使用，以火光為信號。此外，以下這些方式都可以用來在烽火台之間傳遞軍情。

舉煙

嗚炮

掛旗

擊鼓

掛燈籠

點燃苣堆

舉火

人傳

敵人來了！

唐代對傳烽的速度要求是每晝夜2000里。

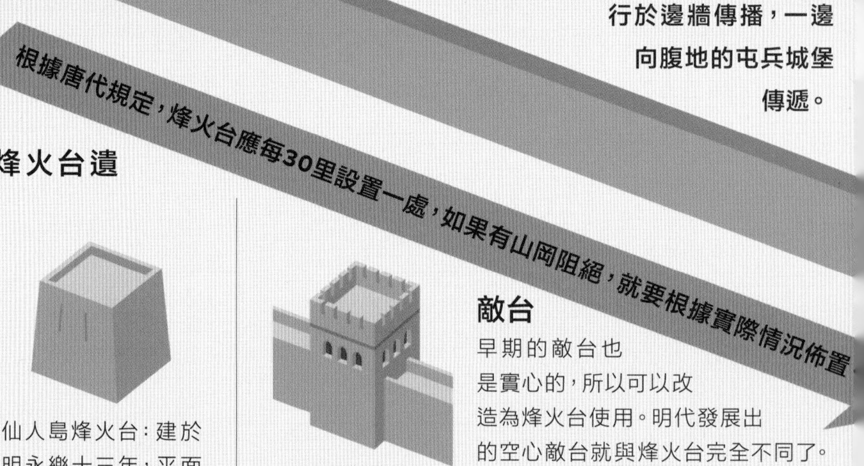

烽火台在哪裏

烽火台的分佈，一種沿邊牆橫向展開，另一種則縱深向內排列，軍情也是一邊平行於邊牆傳播，一邊向腹地的屯兵城堡傳遞。

敵人來了！

當一座烽火台發現敵軍蹤跡時，便會點燃烽火，並由相鄰的烽火台逐一傳遞開去。在本圖中烽火的傳遞方向用紅色箭頭表示。

全國各地有多處烽火台遺址，造型各異：

三台子烽火台：建於明隆慶四年，平面呈圓形。

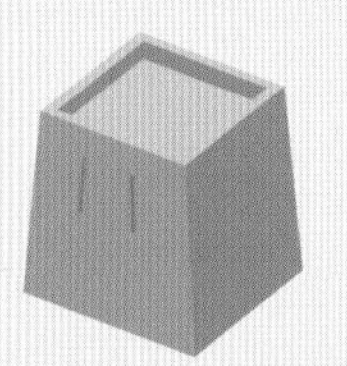
仙人島烽火台：建於明永樂十三年，平面呈正方形，上窄下寬。

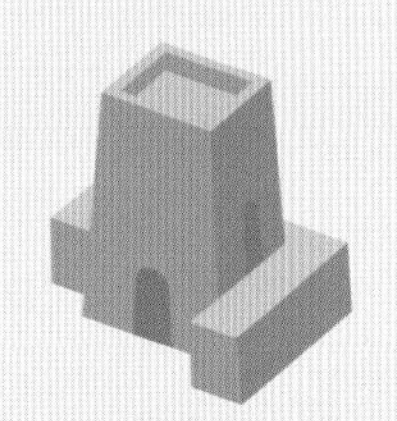
哈密燎墩烽燧：約建於漢宣帝年間，並完善於唐代。

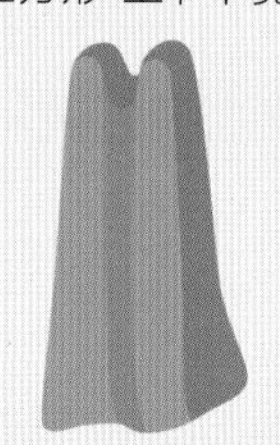
克孜爾尕哈烽燧：據說始建於漢代，也有人說始建於唐代，前部凹陷為沙土分化所致。

敵台

早期的敵台也是實心的，所以可以改造為烽火台使用。明代發展出的空心敵台就與烽火台完全不同了。而且敵台頂部一般還建有木結構的樓櫓，更不能用來點火了。

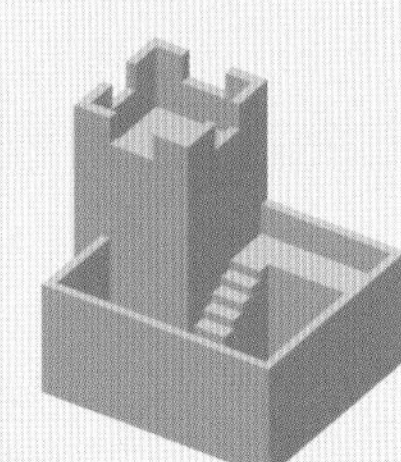

烽火台

烽火台是實心的，大部分獨立於邊牆而建造。所以，我們在八達嶺、慕田峪看到的磚砌的「樓子」，都不是烽火台，而是敵台。

敵台和烽火台傻傻分不清？

烽火台和敵台的功能不同，但在很長的歷史時期中，二者是可以通過改造而互相轉化的。

註：據專家分析，「寇賊」指內敵漢人，「蕃賊」指遊牧民族。

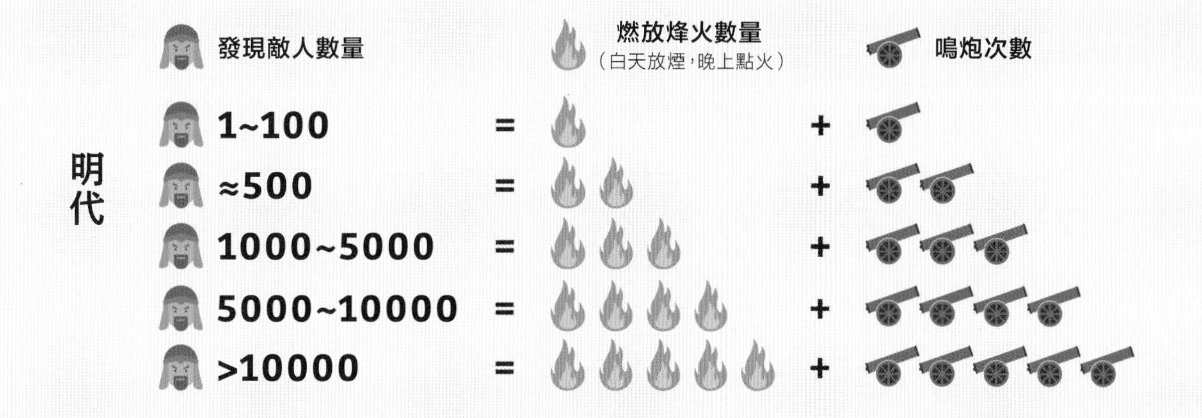

烽火在說甚麼

烽火台利用信號物的數量來對應敵情的不同狀況。早在漢代，中央政府便對烽火台不同信號等級規制進行了嚴格的規定，這從《塞上烽火品約》漢簡上便可見一斑。隨後歷代都在前朝的基礎上繼承與發展，在明代還開創了鳴炮制度。

用甚麼點燃烽火

雖然我們常說「烽火狼煙」，但實際上狼糞並非常用的點火原料。一般引燃物都是就地取材的植物，也包括一些雜草和牛馬糞便，混合油脂進行燃燒。

艾蒿

沙柳

雜草

旱蘆葦

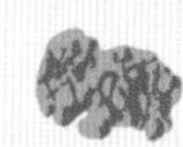

牛糞／馬糞

3.5 長城之戰

長城沿線發生過哪些真實戰役？

你可能想不到，作為古代最大規模的軍事防禦工事，長城上並沒有真正打過甚麼仗，這恰恰可以說明長城重要的戰略地位。不過，我們仍然在為數不多的實戰中選擇了幾場。拼湊這些錯綜複雜的線索，你可以一點點發現長城在戰爭中所起到的作用。

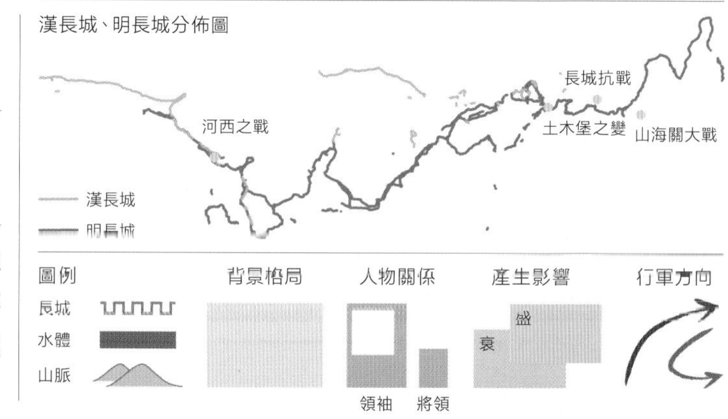

河西之戰

打了這一仗，才好築長城！

西漢王朝與匈奴之間進行了持續長達一百餘年的鬥爭。其中，元狩二年（前121年）的河西之戰，漢成功收復河西地。

河西走廊

收復河西地，斷絕了匈奴與羌族的聯繫，打通了通往西域各國的道路。

漢室虧空

頻繁遠征導致民力、國力虧空。武帝後期戰役多無功而返，遭到重創。認識到問題后，漢王朝開啟了一段休養生息的時間。

鮮卑崛起

最初，匈奴、鮮卑和漢王朝為三方對抗的格局。

漢匈戰爭后，匈奴敗落，自此鮮卑崛起，成為漢最大敵人。

❶ **春季征討**

元狩二年春，霍去病出隴西，過焉支山，斬折蘭王、盧侯王，於敦煌凱旋。

❷ **夏季出兵**

元狩二年夏，霍去病出北地再征匈奴。因未能按計劃與公孫敖會和，獨自前往酒泉，從背面攻向匈奴部落，大獲全勝。

❸ **公孫敖失道**

元狩二年夏，公孫敖從隴西發兵，本擬於祁連山與霍去病會合，卻中途迷路，直至霍軍與匈奴戰鬥兩天後方趕到支援。

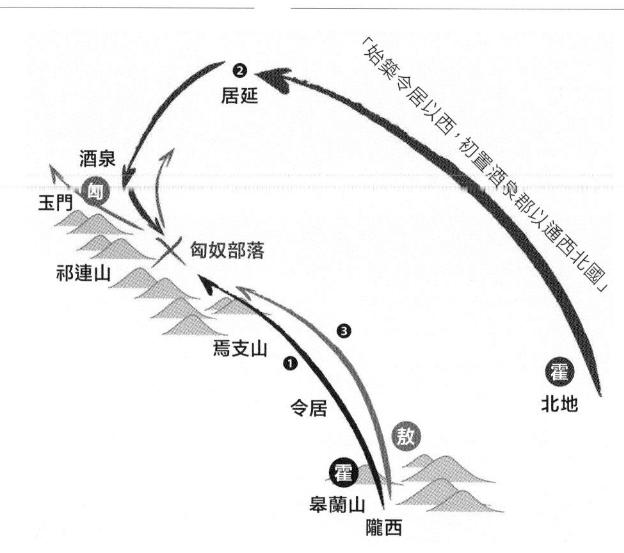

格局背景

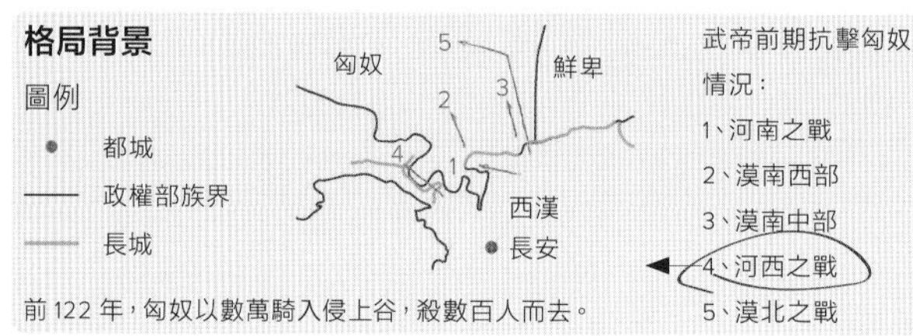

前122年，匈奴以數萬騎入侵上谷，殺數百人而去。

伊稚斜 （匈）

（音「查」chá）

匈奴單于

- 奪取王位（前126年）
- 卒（前114年）

劉徹 （漢）

漢武帝

- 前141年：登基
- 絲綢之路 抗擊匈奴
- 前87年：卒

將領名錄

霍去病	公孫敖	張騫	李廣
驃騎將軍	合旗侯	博望侯	郎中令
出師大捷 論功行賞	拒敵不力 貶為庶人	拒敵不力 貶為庶人	功過相抵

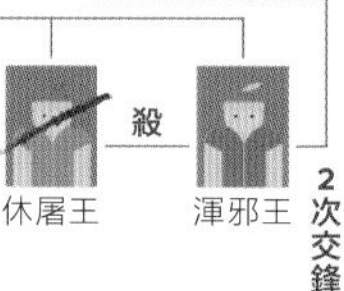

渾邪王、休屠王害怕被伊稚斜懲罰，決定降漢。休屠王中途反悔，被渾邪王斬首。

土木堡之變

沿着長城追過去！

明英宗年間，蒙古瓦剌崛起，大舉進犯明邊，英宗決定親率軍隊退敵，結果反在途中被俘。這場戰役中，明和蒙古雙方在長城多個關口均發生過對抗。

由盛轉衰

土木堡一戰後，明景帝上任，兩帝並存，明廷政治鬥爭加劇。兼之軍政斷層，明王朝戰略由攻轉守，由盛轉衰。

格局背景

瓦剌

韃靼

京師

明

1449年，也先率二千人進馬，詐稱三千人，王振因故減其馬價，遂激起也先大舉入侵。

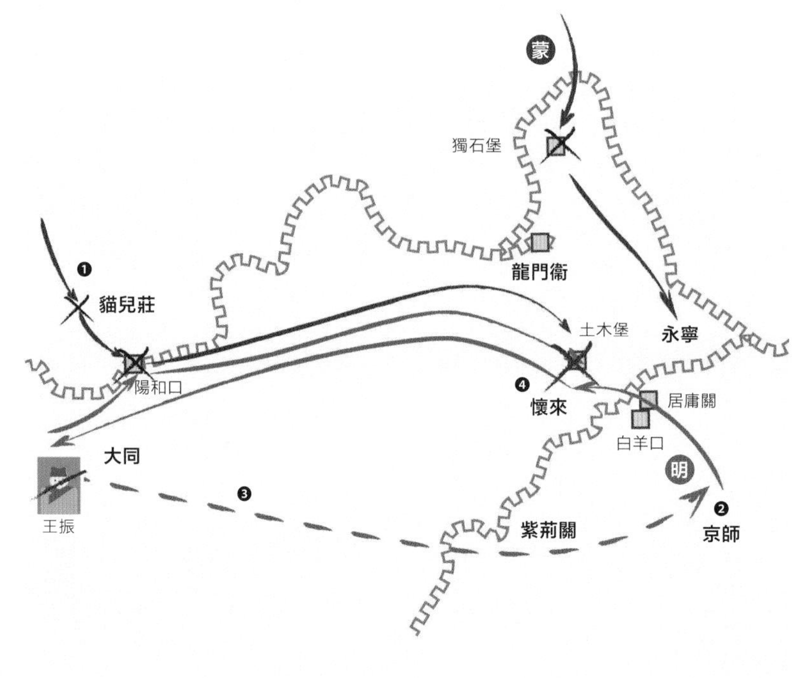

❶ **瓦剌犯邊**

1449年，瓦剌分四路犯邊，也先親率一路進攻大同，塞外接連失守。

❷ **英宗親征**

儘管眾多大臣反對，英宗仍堅持親率二十萬大軍，由王振主持軍務，討伐也先。

❸ **倉皇退兵**

接前線失守戰報，明軍倉皇回撤，原定經紫荊關回京，又中途改道。

❹ **英宗被俘**

因改道延誤時間，明軍被瓦剌軍追上，圍於土木堡，英宗被俘。

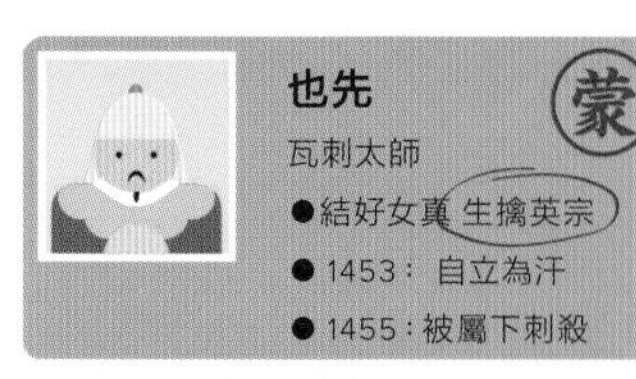

也先 （蒙）

瓦剌太師

- 結好女真 生擒英宗
- 1453：自立為汗
- 1455：被屬下刺殺

朱祁鎮 （明）

明英宗

- 1435：九歲稱帝
- 1449：土木之變
- 1457：奪門之變

山海關大戰

這個關口，非常重要！

有些關口自建成以來就是兵家必爭之地，山海關就是一例。為人熟知的吳三桂引清兵入關，講的就是這一「關」。如同名字所昭示的，山海關位於角山和渤海之間，位於遼西走廊的要道，成為東北進入北京必經的一道門。

清兵入關

山海關之後，清兵乘勢佔領北京，取得全國政權，將都城從盛京遷往北京，封吳三桂為平西王。自此中國政治力量格局發生變化，影響了後續三百年的歷史進程。

格局背景

大順軍進逼北京時，吳三桂奉命率兵進關，途中聞京師已破，崇禎帝朱由檢自縊，遂折返山海關。

李自成招降。吳三桂本決意歸順，后得知父吳襄在京遭農民軍拷掠，愛妾陳圓圓被奪佔，頓改初衷，拒降李自成，還師山海關。

❶ 闖王出發

李自成招降吳三桂不成，決定征撫兼施，從京師率兵向山海關進發。

❷ 三桂求援

為抵擋大順軍，吳三桂向多爾袞求援，清兵遂改道山海關，一日夜可行二百餘里。

❸ 大戰山海關

李自成軍於一片石出邊立營，與吳三桂軍激戰一日，雙方皆疲。見清兵已近，吳三桂率輕騎衝出重圍再度求援。

❹ 清兵入關

待李吳雙方俱疲，多爾袞以逸待勞，出兵擊破大順軍。

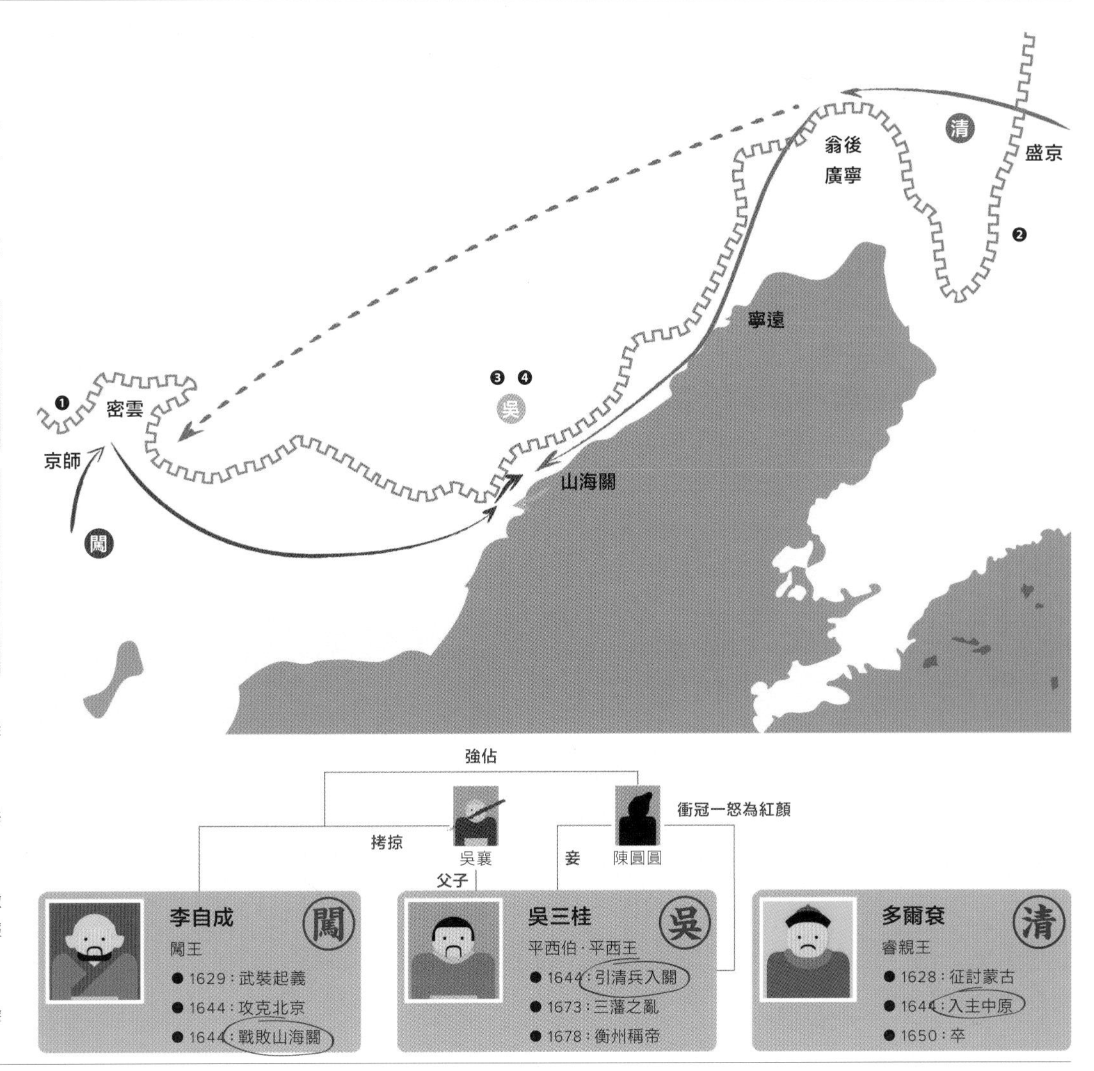

長城抗戰

長城為界，保家衛國！

長城沿線抗擊日本侵略者的鬥爭是中國抗日鬥爭的重要組成部分，如今我們所說的「長城精神」正是源自於此次長城抗戰中，中國軍民所展現出的英勇無畏的精神。

抗戰意義

1933 年 1 至 5 月的長城戰役中，廣大愛國官兵給日軍以沉重的打擊，自己也作出了重大犧牲。戰役阻止並延緩了日本軍事侵略華北的進程。激發了全國人民抗日救亡情緒的高漲。

停戰協定

長城沿線失守，平津危急，中方被迫簽訂《塘沽停戰協定》，劃定冀東二十二縣為非武裝區。

❶ 冷口

日軍兩次攻佔冷口均被奪回，第三次攻佔時中國守軍被迫退至遷安，在界嶺口、石門寨等處與日激戰。

❷ 喜峯口

日軍攻佔喜峯口，被大刀隊趁夜奪回。經連日激戰，守軍收復全部失地，擊退羅文峪方向進攻。史稱「喜峯口大捷」。

❸ 古北口

古北口、南天門接連失陷，中國守軍退至懷柔、順義。

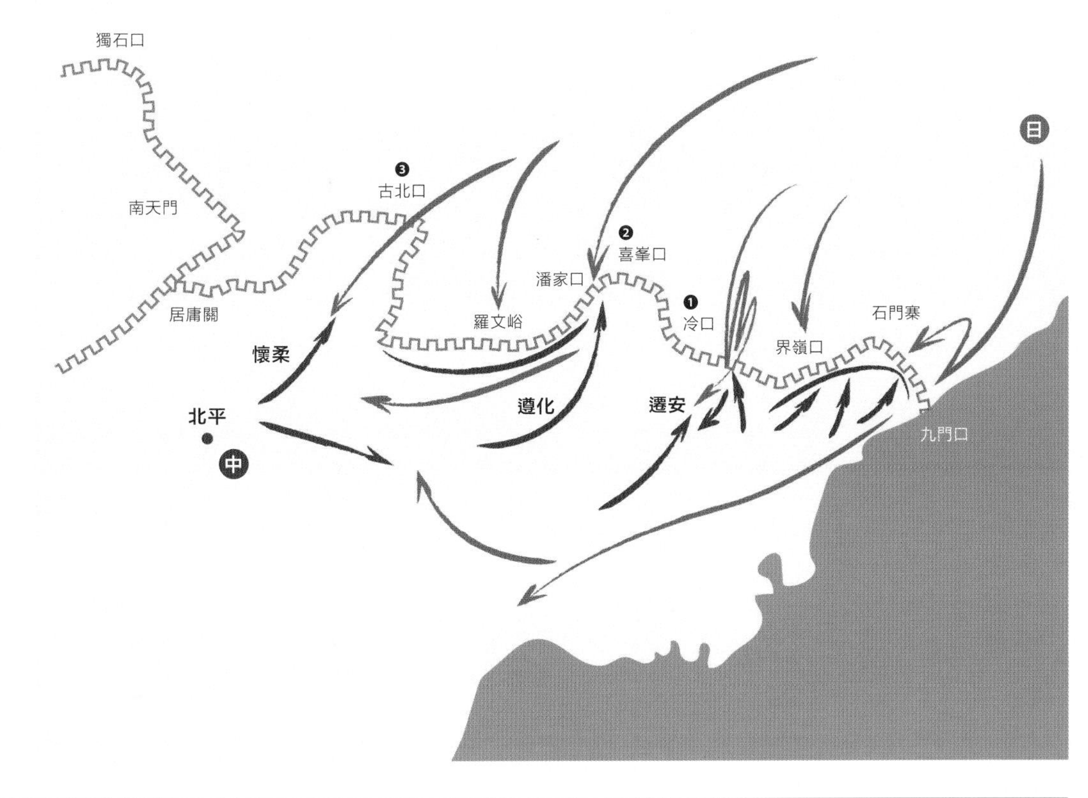

CHAPTER 4

HOMELAND

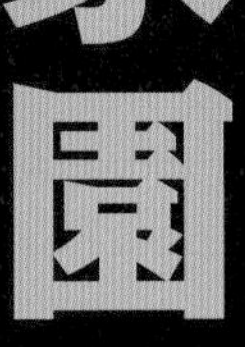

第四章

家園

長城的存在，是為了保護家園；而伴隨着長城的建造、駐軍、屯田和沿邊商貿，越來越多的人來到長城，讓長城本身成為他們的家園。直到今天，依然有很多人生活在長城腳下，他們或是延續着先輩的生活軌跡，或是被長城以及它所帶來的東西所吸引。噢，一定別忘了，與長城共存的不只有人類，還有許多其他生命。這讓人忍不住遐想：在那些棲居在長城附近的其他生命眼中，長城又是個怎樣的存在呢？

4.1 互通有無

在明朝的馬市裏都能買到甚麼？

長城沿線農、牧的和平互市貿易早在明代以前便已萌生。明代前期，設馬市不僅是邊貿政策，也是為安撫邊地民族。隆慶和議後，馬市性質發生變化，官市過渡到民市，民間自相往來、互通有無的平等貿易佔據了主導地位。

既要交易也要戒備

與潛在的對手做生意，個中心態便會很微妙。因此，明王朝在設置馬市時也是煞費苦心。

明代馬市分大市和小市，前者頻率低、監管嚴，因此，在離京師較近的地方主要是大市，右圖中的守口堡就是大同鎮的一處大市

大多數馬市都位於邊牆外，儘量不讓北方部族進入牆內

馬市

馬市常設置在甕城等封閉空間內，以便防備

利用地形監視圍堵

後方城堡提供支援

守口堡

守口堡馬市示意圖

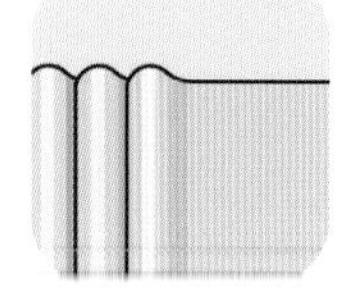
綢緞

布帛

紗

棉花

手帕

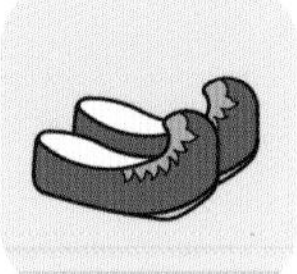
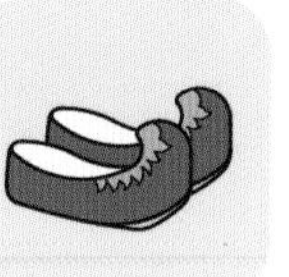
布鞋

布織品
食品
生活用品
特殊商品

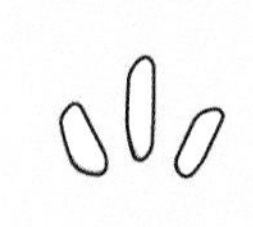
米

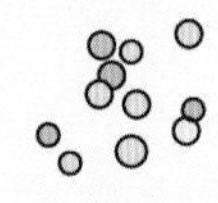
雜糧

鹽

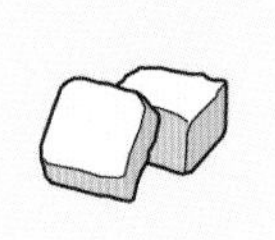
糖

豬

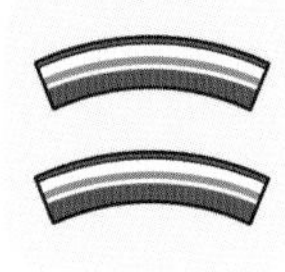
臘肉

茶葉

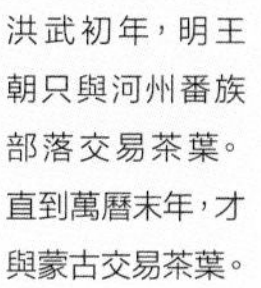
洪武初年，明王朝只與河州番族部落交易茶葉。直到萬曆末年，才與蒙古交易茶葉。

魚

蔬菜

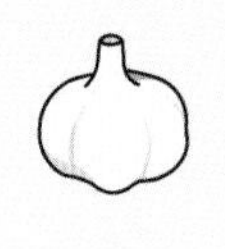
蒜

水果

核桃

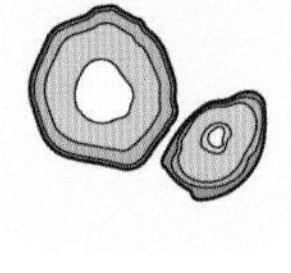
藥材

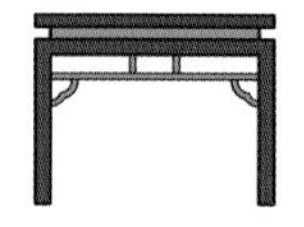
桌子

板凳

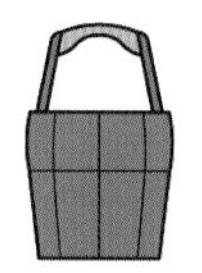
木桶

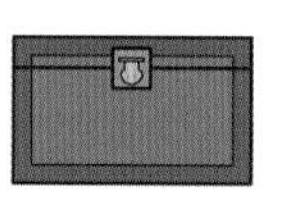
木箱

紙書

耕牛

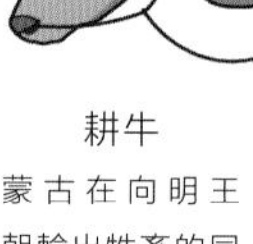

蒙古在向明王朝輸出牲畜的同時，也從明王朝輸入耕牛、驢等利於耕作的牲畜。

房屋

隆慶以後市場上出現了房屋買賣和地場租讓的現象，但只在漢人之間交易。

花卉

針線

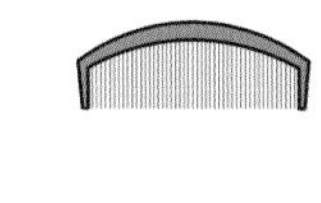
梳篦

瓷器

漆器

禁售
特殊圖案的絲織品

禁售
箭鏃

禁售
兵刃

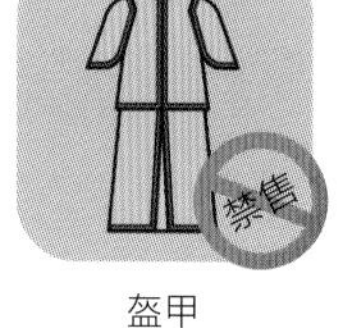

盔甲

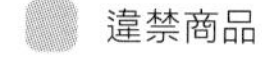
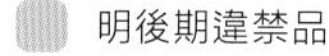

違禁商品
明後期違禁品

鐵鍋

鐵鍬

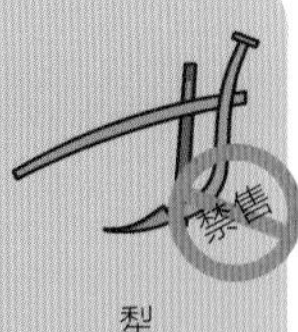

犁

明代前期，兀良哈三衛可以與明朝自由交易鍋、犁等物品，「北虜」也獲准與明交易鐵鍋。但由於擔心邊地民族用耕具等鐵器私鑄兵器，自嘉靖至隆慶初年明朝廷完全禁止了鐵鍋等鐵製品的交易。

漢族商人賣甚麼？

明與蒙古互市貿易商品以生產和生活必需品為主。漢族地區輸出的商品主要是糧食、絲織品及其它手工業產品。

馬市興衰

馬市的開設情況在很大程度上可以反映明王朝與北方少數民族的關係，這張圖表統計了明代北方八鎮對蒙古的馬市數量變化：

顏色與邊鎮的對應關係：
（每個色塊表示一處馬市）
遼東　山西　甘肅
宣府　榆林
大同　寧夏
註：木市、臨時性市場和存在爭議的市口未在圖中表示

永樂初年，明王朝在遼東設市

土木堡之變后明與蒙古貿易中斷

北蒙古與明的關係進入了冰凍期

庚戌之變后，明王朝被迫設市通商，但僅一年就關閉。而後明與蒙古開始了長達二十年的混戰

隆慶和議後，在長城沿線設置大量市場，自此開始明蒙的和平貿易

明末，馬市隨着戰爭動盪而逐漸關閉。張家口市和殺胡堡市雖一直開放，但已被後金控制

洪武元年 1368 年
永樂三年 1405 年
正統十四年（土木堡之變） 1449 年
嘉靖二十九年（庚戌之變） 1550 年
隆慶五年（隆慶和議） 1571 年
崇禎十七年 1644 年

馬

驢

羊

騾子

駱駝

牛

馬尾

皮襖

皮張

撒袋

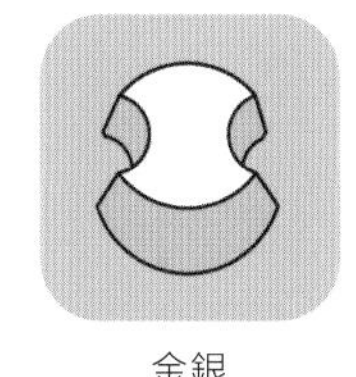
金銀

玉石

靴子

牲畜
畜牧產品
其他

遊牧民族的商品為甚麼更少？

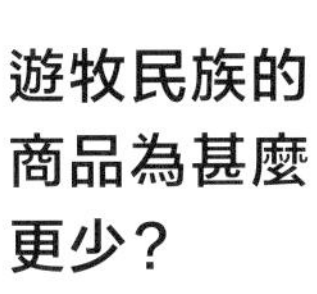

邊地少數民族以遊牧為主，生產技術不發達，大多數生活用品都無法自己生產，十分依賴農耕經濟。當貿易不能滿足遊牧民族的需求時，掠奪和戰爭就發生了。

蒙古商人賣甚麼？

蒙古在明代衍化出韃靼、瓦剌和兀良哈三支。蒙古輸入明的商品以牲畜和相關畜產品為主。

一匹馬有多貴？

馬匹在不同時代、不同關市中的價格不盡相同，用來交換的物品也不一樣。總地來說官市中的馬匹價格決定權在明朝手中。市場中馬匹被分為上上等、上等、中等、下等及駒，以下展現的均是中馬的價格。

洪武十六年 河州

中馬 =30 斤茶

洪武二十三年 河州

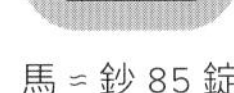

馬 = 鈔 85 錠

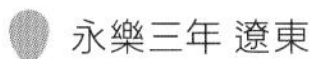

永樂三年 遼東

中馬 = 絹 3 匹，布 5 匹
中馬 = 絹 2 匹，米 10 石

永樂四年，因兀良哈地區發生嚴重旱災，故以馬易米。

隆慶六年

山西 馬 = 七兩八錢
大同 馬 = 七兩四錢
宣府 馬 = 八兩二錢

隆慶和議后，明朝規定宣府、大同、山西三鎮的馬價：「馬價以布縉兼予，上馬十二兩，實得金九兩；中馬十兩，實七兩五錢；下馬八兩，實六兩四錢」。在實際交易中，並不完全按照這個馬價執行。

木耳

松子

人參

女真商人賣甚麼？

永樂五年，明朝廷規定女真族應與蒙古族一樣，「來朝及互市者，悉聽其便」。女真族主要拿來交易的是狩獵和採集品。

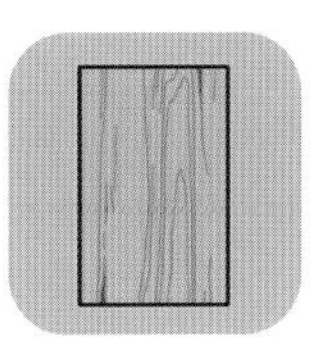
木材

遼河以西的漢族地區歷來缺少木材，與之相鄰的蒙古族活動地區擁有豐富的森林資源。

早在嘉靖年間，遼東地區就開始了木材交易。至萬曆二十三年，重開遼東木市，時間為「每歲春秋二季、每季按月三五次」，因為這時河水漲滿，便於運輸木材。

兀良哈商人賣甚麼？

兀良哈三衛指明代的東蒙古。早在建文帝時，明朝就承諾兀良哈三衛「各居邊境，永安生業，商賈貿易一從所便」。

4.2 守衛、生產兩不誤

長城軍士們的口糧是如何解決的？

整個明代，沿萬里長城常年駐軍近百萬人守邊，很多地區偏遠荒蕪，如何保障大量官兵的正常飲食，讓他們可以安心守衛，可真是個難題！

是誰在種田？

對於軍屯而言，為了平衡作戰與生產這兩項職責，需要合理地分配參與這兩項工作的人員比例。這一屯守比例隨地點和時期變化，這裏展示了常見的幾種。

參與民屯的人員則主要來自三個渠道：強制移民、自願徵募和罪犯派發。

7：3

「三分守城，七分屯種」是邊地的標準分配比例。

8：2

在防禦壓力略低的內地，屯守比例也可以高一些。

5：5

如果是戰爭頻發的要衝之地，屯守可能會對半開，甚至守多於屯。

屯地有多大？

每位參與軍屯的軍士會得到一定面積的屯地，理論上每份地是 50 畝，但這個數字會隨實際情況改變。

一般來說，可支配土地越多、土地越貧瘠的地方，每份地的畝數越多。

這裏展示的是嘉靖二十九年（1550 年）北方九鎮每份地的大小。

屯地尺寸的規定也隨時間而變化。

標準尺寸	寧夏鎮	榆林鎮	山西鎮	薊鎮
50 畝	52 畝	98 畝	64 畝	48 畝

約 170 米

明代 1 畝地約為今天的 580 平方米，所以 50 畝大約是 170 米見方的面積。

甘肅鎮	固原鎮	大同鎮	宣府鎮	遼東鎮
50 畝	98 畝	96 畝	50 畝	56 畝

糧食要上交？

屯地的收成都需要交到糧倉，其中交到本屯自用的是正糧，除此以外還需要上交部分餘糧到衛所，它們一般都以大米結算，其它作物則需要折算為米。

至於餘糧，起初也是規定每年十二石，但朝廷很快發現這一要求過於嚴苛，便減到了每年六石。

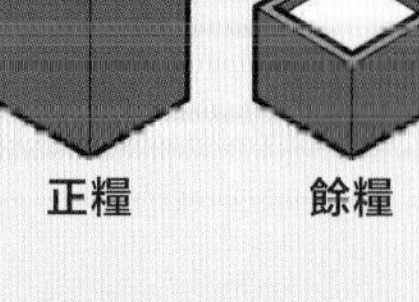

按照規定，每份地每年應上交正糧十二石，也就是每月一石，這與每人的月餉是相同的。

其它作物需要多少可以抵一石大米？

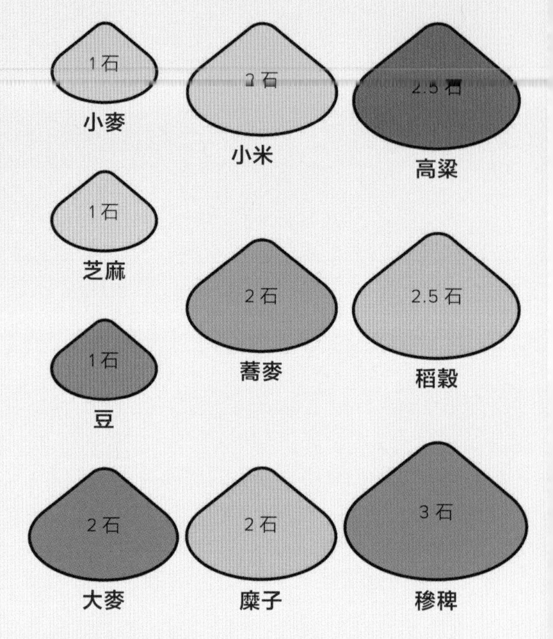

用甚麼耕種？

軍屯的生產資料——耕牛、農具和種子都由官府提供。持續不斷地提供足夠的生產資料本身就不是一件易事。

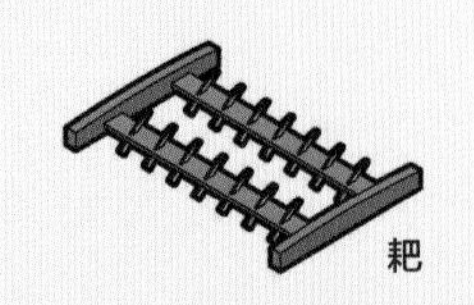

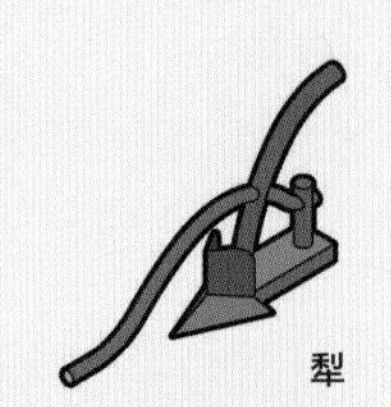

古代的開墾和耕種依賴於畜力，所以按照規定，九邊的每軍要有兩頭牛的供給，但往往難以實現。

犁和耙是明代最常用的農具，都靠牛拖拉，犁一次之後再耙六次，可以讓土地成熟。

都指揮僉書——衛指揮僉書——千戶——百戶——總旗——小旗

軍屯的管理方式由明初軍隊編制發展而來。其中，一名百戶管轄的就是一個「屯」，駐紮七八十人到一百多人不等。

需要多少糧？

明代根據士兵的職位、來源、有無家室等信息確定糧餉，最普通的步軍每月糧餉為一石米。

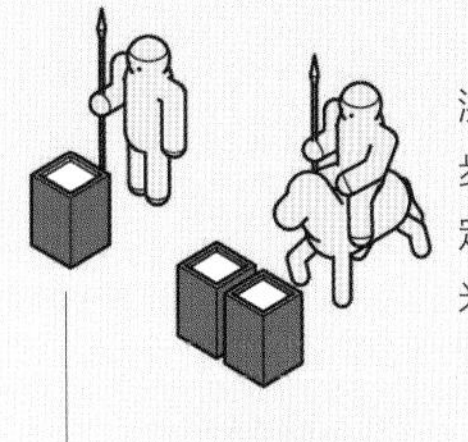

洪武初年，規定馬軍月餉兩石，步軍一石，這一標準日後基本穩定，有時也會用銀兩替代部分糧米發餉。

明代一「石」是如今的107.37升，大概是這麼大

糧餉從哪來？

明代解決邊軍糧餉主要有四種方式：屯田、民運、開中、京運。它們各有利弊，在不同時期，幾種方式的側重不同。本圖將以屯田為重點講述。

屯田

在邊陲地區官方劃撥土地供守軍耕種（軍屯），或招民眾耕種（民屯），從而提供邊軍口糧。自給自足的軍屯，似乎理論上是最優解，卻往往因各種原因，無法提供足夠的收成，因而需要其它渠道來補充。

開中

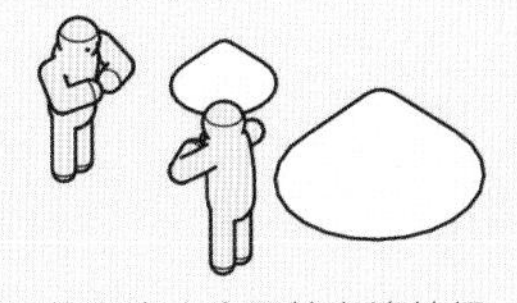

明代嚴控鹽的交易，而開中制度就是招募商人運糧至邊疆，從而交換鹽引的做法。因運輸成本高昂，後期商人也開始在邊地招人種田，稱為「商屯」。

民運

顧名思義，就是讓農民親自運糧到邊倉充當軍餉。但因為運輸條件落後，加之路途遙遠，農民負擔很大，逐漸出現了用輕便的物品代替糧米繳納的情況。

京運

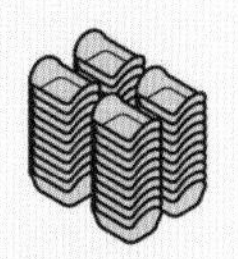

當本地的各種方式都無法滿足軍餉需求時，就只能從中央國庫調撥餉銀了。

屯地在哪裏？

屯地位於邊陲地帶，它的位置與長城密切相關。這張圖展示了明後期榆林鎮沿邊的幾個區域和它們大致的土地類型。

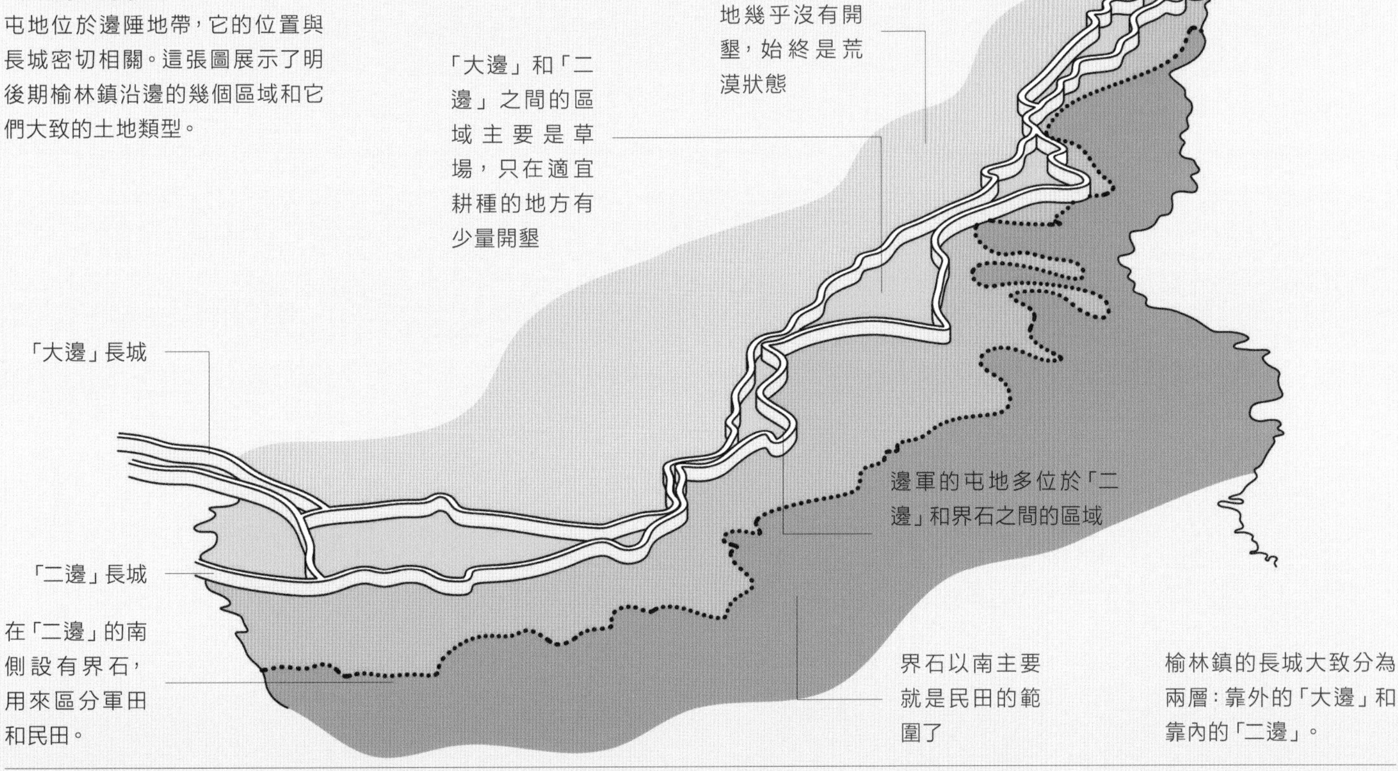

如何賞與罰？

按照規定，軍屯每份地歲末需繳納六石餘糧，這張表格展示了繳納的餘糧超過或不足六石時面臨的獎勵和懲罰。

官方規定了繳納0至12石餘糧的賞罰標準

不同級別官員的賞罰標準不同

	0	1	2	3	4	5	6	7	8	9	10	11	12
都指揮僉書	-3	-2	-1	-2/3	-1/2	-1/3	0	80	90	100	110	120	130
衛指揮僉書	-4	-3	-2	-1	-2/3	-1/2	0	70	80	90	100	110	120
千戶	-5	-4	-3	-2	-1	-2/3	0	60	70	80	90	100	110
百戶	-6	-5	-4	-3	-2	-1	0	50	60	70	80	90	100
	紅色數字表示懲罰官員多少月的薪俸							綠色數字表示獎勵官員多少錠銀					

收成怎麼樣？

說實話，不怎麼樣。

這裏展示了永樂元年（1403年）至隆慶元年（1567年）全國屯田籽粒的上繳情況，可見屯田效果在全國範圍內逐步下降的事實。

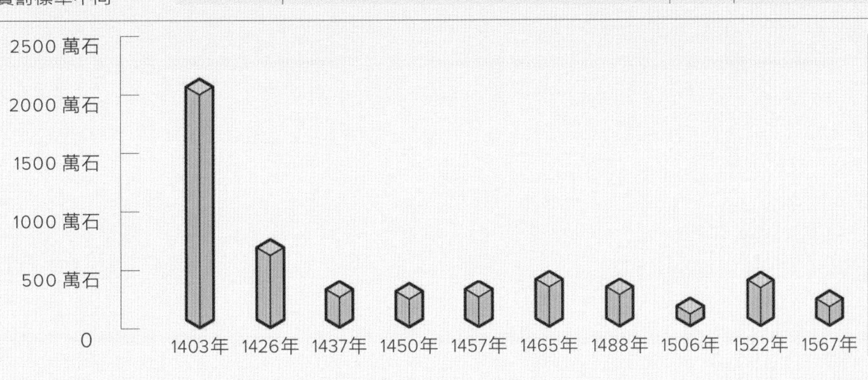

屯田除了為守邊軍士提供糧食，還可以促進移民，進而推動邊疆開發。不過，在明代中後期屯田制度已經嚴重衰敗，無法起到應有的作用。

4.3 當代長城棲居者

如今我們因何聚集在長城腳下？

這張圖抓取並展示了北京境內長城兩側5千米範圍內的「大眾點評網」數據。觀察長城附近有甚麼，可以幫助我們了解長城對當代人來說意味着甚麼。

圖中的每個圓點都表示了與長城距離 5 千米內的一處**商業經營場所**，顏色則代表着不同的類型：

- 酒店
- 購物
- 美食
- 生活服務
- 汽車
- 休閒娛樂
- 家裝
- 旅遊
- 教育
- 美容
- 醫療
- 親子
- 運動健身

註：
1. 本圖商業經營場所數據來源為「大眾點評網」，統計截至 2018 年，可能與實際情況存在出入。
2. 本圖只統計了北京市內的數據，靠近省界的長城河北側的商業經營場所並沒有被顯示出來。

這條深灰色虛線表示長城

大廣高速

司馬台新村

古北水鎮

2014 年，位於司馬台村的古北水鎮開始營業，很快就成為了北京市一處頗具知名度的大型旅遊度假區。這之前，司馬台長城本就是北京一處經典旅遊景點，但在發展的模式上，它選擇了一條和八達嶺、慕田峪等「同類」不太一樣的道路。

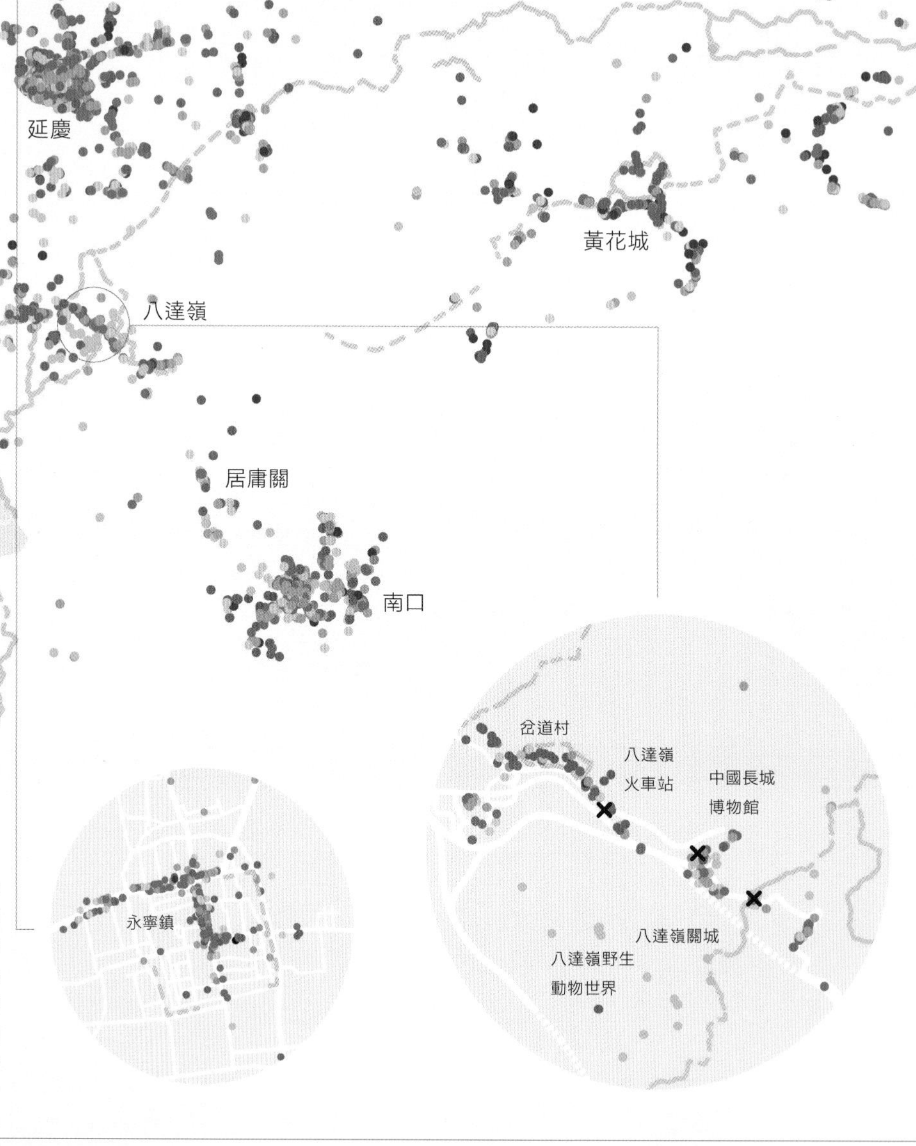

一些商業密集的地點被放大出來，你可以更仔細地觀察商業場所、聚落和長城的關係：

永寧城是明代宣府鎮最東側的一座路城，如今成為永寧鎮。作為延慶區第二大鎮，它的地位依然重要，十字形的老街依然聚集着各式各樣的店鋪。因為城牆沒有留下甚麼痕跡，人們可能很難意識到，自己與長城的緊密聯繫。

八達嶺長城周邊展示了一個很典型的大型旅遊景點的狀態：在景區門外聚集着大量餐館、商店，而在離景區不遠的村落或城區裏則開滿了酒店、旅社或農家樂。

在古北水鎮西北 10 千米左右的地方，是「京北鎖鑰」古北口的鎮城。相比古北水鎮，古北口鎮顯得寧靜和傳統許多，鎮上也主要是服務於本地人的學校、醫院等公共機構。而幾步之遙的長城的另一側，就是河北省了。

曹家路是明代的一座營城。如今，在保存相對完好的城牆裏，是一個還沒有完全被旅遊開發的村莊。

與曹家路村一湖之隔的遙橋村，被四方城牆完整地包裹着。村口的停車場和村裏清一色的農家院宣告着這裏已經成了一處純粹的旅遊景點。

甚麼行業更喜歡聚集在長城腳下？

酒店、購物、美食，其中的大部分都是服務於遊客的。

和全北京範圍內同類型的商業場所相比，長城附近佔比多少？

由於地處淺山區和山區，長城沿線整體上的商業密度並不高。在這樣的背景下，長城附近能擁有全市 15% 的酒店，就更顯得突出了。

慕田峪長城附近的峽谷像手指一般，沿着每條峽谷你都能看到一家家餐廳、旅館和商店。而周圍村子里的村民們則紛紛開起了農家院。

4.4 長城動物園

除了人類，長城還是誰的家園？

長城所在的很多地方人跡罕至，卻自古以來是野生動物繁衍生息的家園。在長城修建之前很長很長的時間裏，牠們在這裏不斷進化，形成了今天的物種樣貌。我們找到了漢、明兩代長城沿線的五個國家級自然保護區的一些特有物種，並把牠們畫在了一棵進化樹上。

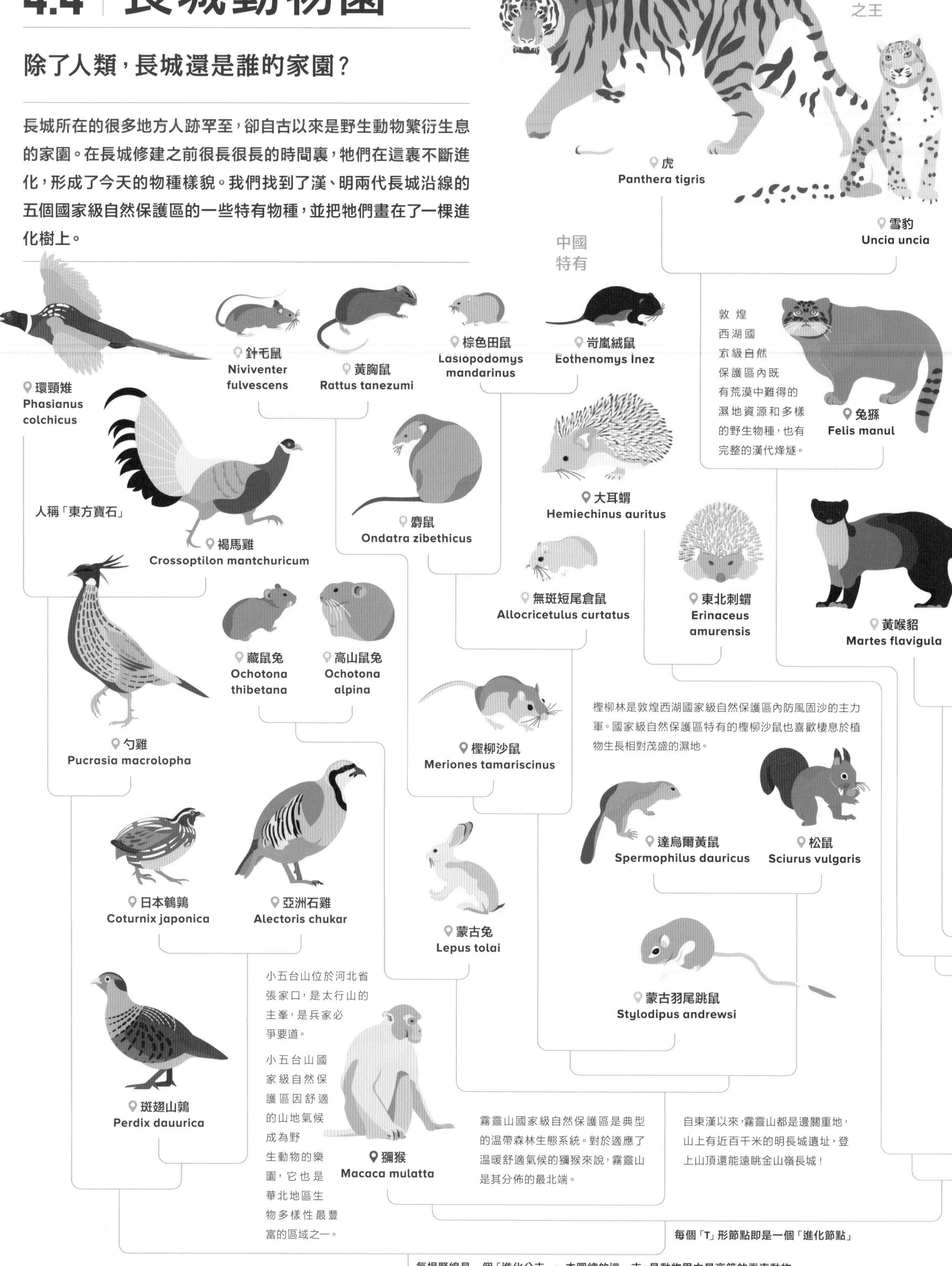

甚麼是進化樹？

進化樹是動物的族譜，反映了各物種始於共同祖先的演化關係。一個簡單的閱讀方法是：物種經歷的進化節點越少，它就越古老；反之，則越年輕。

五個國家級自然保護區示意圖

動物名稱前的彩色圓點表示牠們棲息於哪一處國家級自然保護區

河北省霧靈山
甘肅省敦煌西湖
寧夏回族自治區賀蘭山
河北省小五台山
山西省蘆芽山

CHAPTER 5

TOTEM

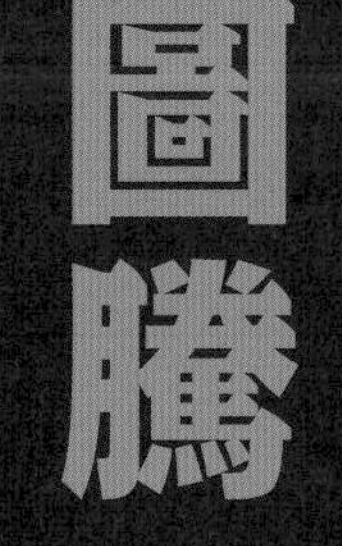

在不同的場景下，長城成為很多東西的象徵。在中華人民共和國國歌裏，和印在中華人民共和國內地居民身份證背面的長城，象徵着民族和國家。當我們評論一場足球比賽「防守隊員在門前頑強地築起了一道長城」時，長城象徵着堅不可摧。對古代文人來說，長城及其邊塞詩是壯懷激烈、馬革裹屍的勇氣和悲壯。而在大部分外國人眼中，長城就象徵着中國。有趣的是，比起長城本身，如今與我們的生活更相關的，是它的各種象徵意義。

5.1 長城見證中華民族

千百年來，長城沿線各民族如何互相交往和融合？

華夏族羣
北方民族
東北民族
西域民族

幾千年來，活躍在長城地帶上的各民族因遷徙、戰爭、通婚而不斷融合與發展。長城是遊牧民族與中原民族融合起來的紐帶，也是中華民族形成的最好見證。

民族名稱	簡介	地域	興起	衰亡	民族交流與融合情況	重大事件與長城的修築	衍化至今中國各民族
華夏人	漢族的前身。長城地區是中華族羣的重要發祥地之一，春秋戰國時期，華夏族羣開始逐漸定型。	華夏族羣	/	/	東漢時期出現「漢人」稱謂。當時的漢人，除了多指稱漢王朝屬民之外，開始有族稱的含意；唐以後，族稱逐漸固定下來。	❶ 公元前565年，楚國築「方城」自衛；旋後齊國也開始修長城。 ❷ 戰國時，秦、中山、趙、魏、燕等諸侯國紛紛修築長城。 ❸ 秦朝修築的長城，將此前的秦、趙、燕等長城，連綴一片，超越萬里，即以「萬里長城」著稱。 ❹ 劉邦建立西漢王朝後，下令修繕長城；公元前127年，漢武帝開始大規模修建長城。漢是歷史上修築長城最多的王朝之一。 ❺ 北齊立國後，為防禦北方草原勢力，同樣修築規模不等的長城。 ❻ 隋朝存在雖然短暫，但也大力修築長城，防禦突厥的進攻。 ❼ 明在穩固統治之後，也大規模修繕、擴建長城，防止蒙古勢力的攻擊。明長城以東西連為一體、品質高乘而著稱於世，今日所見長城之遺跡，多為明朝建築。	漢族
匈奴	是秦漢交際時期，在草原上建立的第一個大型遊牧政權。	北方草原民族	/	兩晉南北朝	❶ 從春秋時期開始，**匈奴**是中原的北部鄰居。 ❷ 戰爭、築長城、和親、互市……反映了中原與匈奴的多重關係。	長城沒有阻擋雙方溝通的步伐，前51年後，匈奴開始內遷入塞，與華夏等民族融合。	
東胡	/	東北民族	/	漢	戰國中葉，隨着北方遊牧民族的壯大，趙武靈王向胡人學習「胡服騎射」，北破林胡、樓煩，築長城。至今仍能在陰山找到趙長城的遺跡。		
山戎	山戎是中國早期分佈在東北部的一支族羣		/	春秋	山戎的一部分融入到了東胡，據說也有一部分融入了漢人之中。		
羌人	❶ 羌在古代往往是對中國西部族羣的通稱，歷史悠久。 ❷ 秦漢時，羌人多分佈在長城西部等地區。	西域民族	春秋	/	❶ 唐代以來，羌人不斷受到漢人、鮮卑、吐蕃等族羣文化的影響，逐漸融入其中；但也有一部分保持着秦漢以來的自身語言和習俗。 ❷ 與明**茶馬互市**的西番部族，包括藏、回、羌、蒙古等。他們多用當地自產的上好馬匹交換茶葉等日常用品，以供所需。	河西之戰以後，漢王朝在河西走廊設置四郡，修築令居塞，以阻止羌人勢力與匈奴聯繫。	羌族
穢	**穢**、**貊**這兩支民族均從東北部人羣中分化出來，語言、風俗大體相同，多連稱「穢貊」	東北民族	/	兩晉南北朝	穢的一支後在東北建立政權，稱作夫餘（扶餘）。		
貊		東北民族	/	魏晉			
月氏	**月氏**分為大月氏和小月氏。	西域民族	秦漢	三國	張騫第一次出使西域，主要是聯絡大月氏共同抗擊匈奴，卻被匈奴扣留十年之久。大月氏人後來逐步西遷到中亞，他們是將佛教從印度傳入漢地的中介人。小月氏人沒有遷走，留在西北地區。		
烏孫	/	西域民族	漢	兩晉南北朝		**烏孫**是張騫第二次出使西域的主要目的地，漢朝試圖與他們合力對付匈奴。	
烏桓	/	東北民族	戰國	兩晉南北朝	**烏桓**原是東胡的一支，靠近長城，與中原有多方面的交流。		
鮮卑	起源於大興安嶺，逐漸擴展四方。	東北民族	漢	隋唐	**鮮卑**亦屬東胡，後逐漸向漢邊塞地區發展，形成多支勢力。	398年鮮卑建立北魏後也修築長城，防備其他遊牧勢力的攻擊。	
肅慎	**肅慎**是今東北地區較早的土著居民，是由諸多氏族、部落組成，後不斷分化組合，名稱多有變化。	東北族羣	/	/	❶ 秦漢時期，肅慎改名變為挹婁，三國兩晉南北朝時期改稱勿吉。 ❷ 隋唐時，勿吉又稱為**靺鞨**。 ❸ 滿族貴族勢力建立清朝之後，尚有部分女真人留居東北故地，後形成為**赫哲**、**鄂倫春**、**鄂溫克**等民族。	❶ 932年，黑水靺鞨轉附於契丹，後以「女真」作為族號。 ❷ 1115年，女真首領完顏阿骨打稱帝，國號大金。 ❸ 金朝建國後，開始修築**界壕和邊牆**，以防蒙古勢力，長達數十年之久，但未能阻擋蒙古的進攻，於1234年滅亡。 ❹ 女真在與明、蒙古的博弈中再次復興，於1635年改名「滿洲」，後來以「滿族」作為族稱。 ❺ 1644年，清軍入關，推翻明朝，建立清朝。	滿族、赫哲族、鄂倫春族、鄂溫克族

民族名稱	簡介	地域	興起	衰亡	民族交流與融合情況	重大事件與長城的修築	衍化至今中國各民族
夫餘	夫餘是今東北腹地第一個建立政權的民族勢力。	東北民族	漢	唐			
柔然	柔然繼匈奴、鮮卑之後，活躍在大漠南北和西北地區的民族。他們是北魏長城防禦的主要對象！	北方草原民族	兩晉南北朝	唐			
室韋	/	東北民族	兩晉南北朝	遼宋夏金	9 世紀以來，**室韋**多遭受契丹攻擊，其中的一部分輾轉發展，形成後來的**蒙古部族**。		
羯	**羯人**是魏晉時期的「五胡」之一，但鮮有文獻記載，晉初大批內遷入塞。	西域民族	三國兩晉南北朝	兩晉南北朝			
突厥	**突厥**從柔然處自立門戶後，發展為北方的強悍勢力。北周、北齊、隋均與突厥關係密切。	北方草原民族	兩晉南北朝	唐	唐朝建立後，太宗、高宗相繼發兵征服了東、西突厥；6 世紀 80 年代初，突厥復興；8 世紀 40 年代，被回紇取代。		
回紇	「回紇」意為聯合，由多個氏族部落組成。	北方民族	兩晉南北朝	/	❶ 回紇後取「迴旋輕捷如鶻」之意而改名回鶻。 ❷ 蒙元時期稱作「畏兀兒」，是現代維吾爾族的先民；另有一支演變為今甘肅的裕固族。	743 年**回紇**推翻後突厥汗國，在漠北建立了回紇汗國。	維吾爾族 裕固族
吐蕃	吐蕃起源很早，7 世紀初葉，開始走向政權建設的道路。	青藏高原民族	/	/	❶ 唐朝建立後，青藏高原也出現了吐蕃王朝。9 世紀後期，他們又回復到羣雄並起、割據一方的狀態。 ❷ 經歷了統一王朝和羣雄割據的震蕩，13 世紀以後，藏人聚居區逐步從分散的、多元的部落發展成一個民族共同體。19 世紀末開始採用「**藏族**」作為稱號。		藏族
吐谷渾	**吐谷渾**是鮮卑西遷的一支。它從今東北地區發展而來，落腳到青藏高原的北部。它和突厥、契丹一樣，是隋長城的防衛對象。	西部民族	兩晉南北朝	宋			
党項	/	西北民族		元	唐朝時期的党項，多分佈在今內蒙古河套一帶，他們多依違於唐朝內外，唐廷亦修建城防加以控制。	党項人建立的西夏王朝佇立西北，延續 200 年之久，稱雄一方。	
高句麗	是今遼東一帶的一個民族。	東北民族	/	唐	高句麗是東北地區的一個民族，它在融合濊、貊等民族的基礎上逐漸發展起來。	❶ 高句麗作為族稱在西漢前期已出現，公元前 37 年立國。 ❷ 為了防備隋唐的進攻，高句麗相繼修築長城，但沒有起到阻止的作用，於 668 年被唐與新羅聯手攻滅。 ❸ 明洪武年間，高麗改原來的族名為朝鮮。今天生活在中國境內的後裔稱為朝鮮族。	朝鮮族
契丹	契丹是活躍在大興安嶺南緣、今內蒙古自治區東南部的游牧民族。	東北民族	兩晉南北朝	遼宋夏金元	契丹人建立了遼朝，為了防禦女真攻擊，也修過長城；但在 1125 年被女真的金朝所滅。	契丹人於 916 年建立遼朝，將北方地區統一起來，打破了長城南北的阻隔。	
渤海	靺鞨的一支與高句麗人建立渤海國。**渤海**既是國號也是族名。	東北民族	唐	遼	渤海國被遼所滅。女真人除了武力兼併渤海之外，還採用「女真、渤海本同一家」招撫他們。		
沙陀	**沙陀**係西突厥別部。	西北民族	唐	宋遼		唐後期，沙陀擺脫吐蕃的控制，輾轉東遷， 進入唐境，蝸居代北，發展壯大。沙陀人以驍勇善戰著稱。	
蒙古	最初興起於大興安嶺西部、貝加爾湖東南一帶。	北方草原民族	唐末五代	/	明以後，蒙古衍化為兀良哈三衛、韃靼、瓦剌等多部。明朝採取不同的政策分而化之，構築**九邊重鎮以防御**，雙方聯繫密切。	1206 年，成吉思汗統一草原各部，「蒙古」一詞成為共同的名稱。	蒙古族
回回	/	北方民族	遼宋夏金元	/	❶ 「回回」多指元朝時期的西域各路人羣，後與中國北方其他族羣融合，形成了新的民族共同體。 ❷ 回回商人參與了明代互市，他們多從事內地與西域等遠方的貿易和經濟活動，所以又稱「買賣回回」。		回族是其中的主要一支

5.2 詩詞印象

在古代文人心中，長城是甚麼？

千年以來，得益於獨特的遊仕制度與宦遊文化，天下才俊經略南北，遍覽四方。長城，作為重要的軍事工程，自然成為了文人騷客視察、遊歷、詠歎的對象。與長城有關的詩詞數不勝數，其中表現出的一些觀念並未隨改朝換代而消逝，甚至至今仍在影響着我們。本圖展示的是對提及長城的兩千多篇詩詞進行語義分析後得到的「長城印象」。我們把它們分成了五類，或許能夠代表了古人對待長城的主要態度。

右側所呈現的漢字，都是與長城有關的詩詞中出現的高頻詞。如果一首詩寫到了「邊牆」「烽火」「征夫」以及「長城」等詞語，這首詩就很可能是關於長城的。用「邊牆」稱呼長城的多為明代詩人，清代有時也會延用該詞語。

這幾首寫到長城的唐詩你一定聽說過：

《出塞》

〔唐〕王昌齡

秦時明月漢時關，
萬里長征人未還。
但使龍城飛將在，
不教胡馬度陰山。

《涼州詞》

〔唐〕王之渙

黃河遠上白雲間，
一片孤城萬仞山。
羌笛何須怨楊柳，
春風不度玉門關。

《雁門太守行》

〔唐〕李賀

黑雲壓城城欲摧，甲光向日金鱗開。
角聲滿天秋色裏，塞上燕脂凝夜紫。
半捲紅旗臨易水，霜重鼓寒聲不起。
報君黃金台上意，提攜玉龍為君死。

你能讀出這首詩寫的是哪段長城嗎：

《長亭怨慢》

〔明末清初〕屈大均

記燒燭，雁門高處。
積雪封城，凍雲迷路。
添盡香煤，紫貂相擁、夜深語。
苦寒如許，難和爾，淒涼句。
一片望鄉愁，飲不醉，壚頭駝乳。
無處，問長城舊主，但見武靈遺墓。
沙飛似箭，亂穿向，草中狐兔。
那能使，口北關南，更重作，并州門戶。
且莫弔沙場，收拾秦弓歸去。

雄 「坐見長城倚天宇」

當第一次看到宛如巨龍般綿延起伏的長城時，大多數人都會發出由衷的感歎，或是感慨它「屹立如巨屏」，或是驚訝「盡處海山奇」。而在感慨完長城之雄偉以後，他們卻會話鋒一轉，開始詠古喻今：評價一下長城的歷史，影射一下當朝的政策。其中，最常被提及的時代為：秦與漢。

怨 「秦皇何事苦蒼生」

蒙恬建長城、孟姜女哭長城等或真或假的故事在長城詩詞中非常常見。然而，大多數提及秦朝的詩詞卻是在批評秦始皇修長城之舉，並希望藉此暗示當朝執政者，修建長城並不能平天下，只會徒增老百姓的苦難；只有得人心者，才能得天下。

千載
雄關
萬里
長城
屹立
蟠據
萬仞山
連雲
豁險
鐵牢
綿延
亡秦皇
禍
蒼生
何時休
蒙恬
孟姜女
冤魂
無道
暴
哭崩
望夫
何必
無策
無須

威 「但使龍城飛將在」

漢代是後世人十分嚮往的輝煌朝代。其中南北朝、唐朝的文人尤其喜愛回憶漢代邊塞戰爭，想像漢代大將的風采，或是稱讚當朝兵將有漢代遺風。李廣、霍去病、衛青等漢代將領均常常被提及。

殤 「髑髏皆是長城卒」

被遣去修築長城的百姓被稱為「征人」「役夫」，駐守長城的軍人被稱為「卒、兵」，長城詩詞中描述他們的詞卻通常是「白骨」「血淚」甚至「屍骸」等。在秦漢、唐朝、兩宋以及明朝等邊疆多戰事的朝代，前往長城的路，總是不歸路。

忠 「向國報恩心比石」

駐守長城的勇武將領也是文人常常歌詠的對象。這類作品自然要描繪將領的勇武，讚揚他們為國捐軀的忠心，偶爾也會感同身受表達一些邊塞苦寒生活中的小確幸。不過，作者對長城勇士們的描寫多是虛實混雜的，這也是邊塞詩的一大特色。

霍衛
鐵騎
雄風
汗馬
漢家
飛将
鋒芒
誰敢
雄豪
國難
龍虎
壯士

征人
役夫
死
丁夫
望鄉
不歸路
屍骸
水腥
萬骨
痛哭
血淚
悲風
白骨
無還者

日暮
去國
馬革裹屍
飛雪
茫茫
苦寒
愁
關山
大漠
英雄
走馬
為君死
明月

5.3 100個長城

你一定使用過長城牌的東西，信不信？

長城作為文化符號，已經深深融入了我們生活中的各個方面。這張圖畫出了100件以「長城」為品牌名的物品，而它們也只是冰山一角而已。

截至 2019 年 1 月 20 日，中國商標網系統中含「長城」的商標共有 4431 個，根據國際分類，這 45 類商標的數量分佈是這樣的：

註冊商標最多的第 33 類是甚麼？
答：含酒精的飲料。

623個
商標！

除了海南省、台灣地區、西藏自治區和澳門特別行政區，其他地方都有長城牌的商標，遠超過長城的分佈範圍。

商標
分類
(1 ~ 45) 1 5 10 15 20 25 30 35 40 45

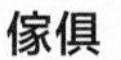

傢俱

無論是北京的長城牌沙發還是成都的萬里長城牌床墊，都是超過 30 年的傢俱老品牌。

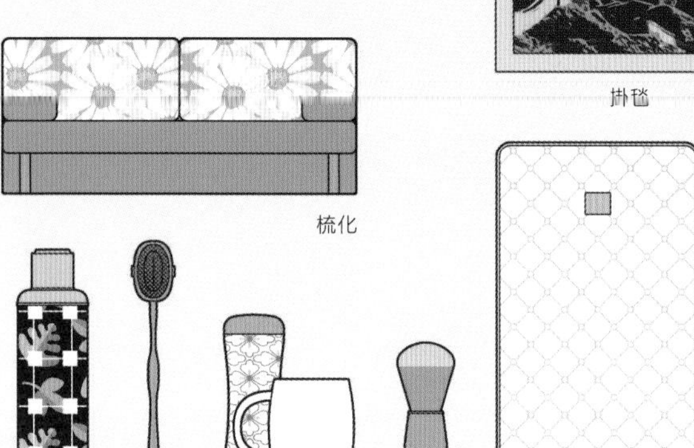

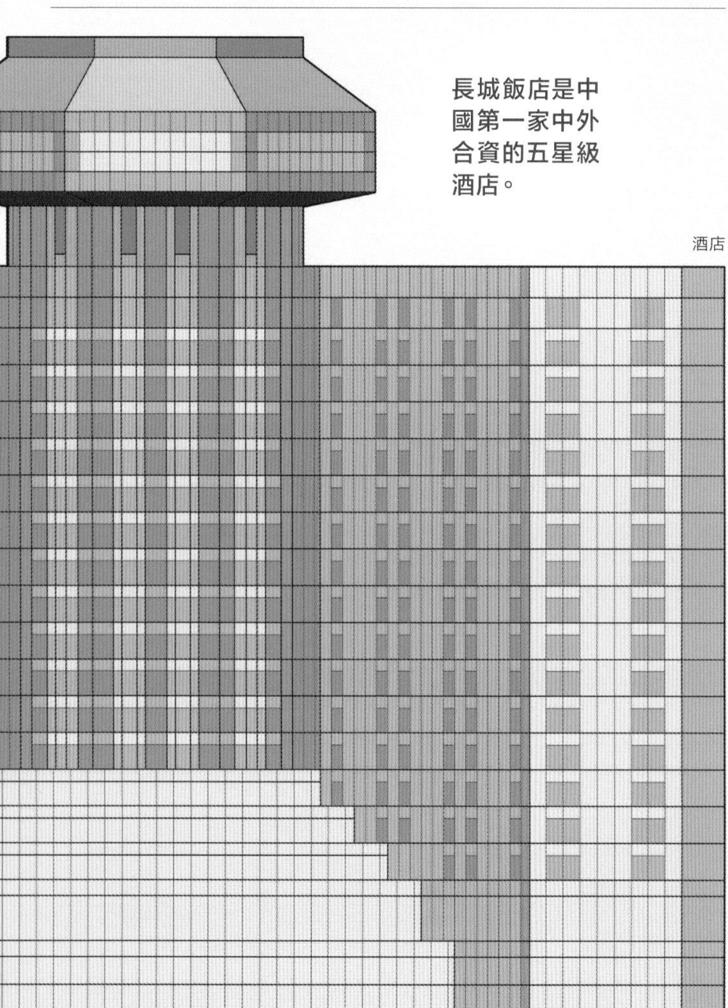

家電

長城牌電器很多已經停產，在激烈的競爭中，「長城」無法給它們帶來實質優勢。

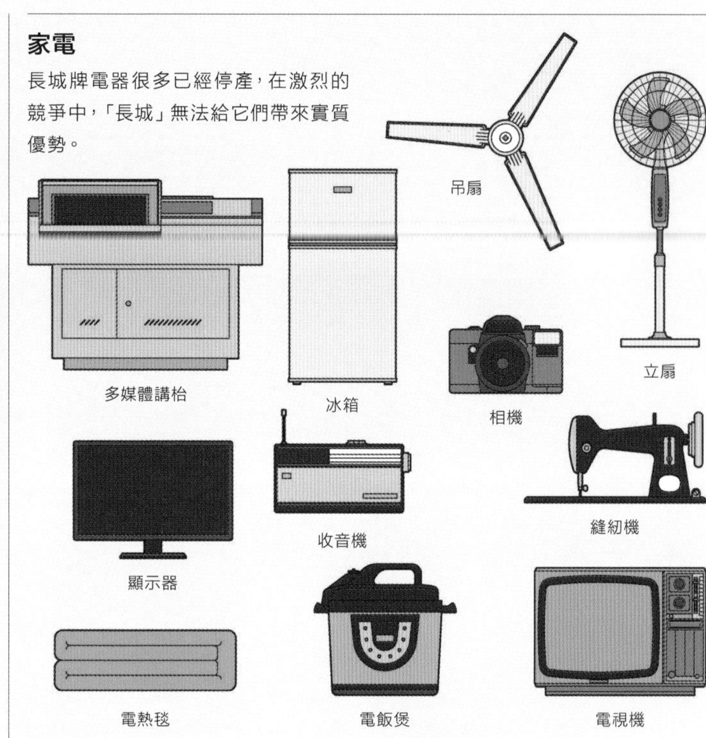

建築

長城本身就是建築的奇跡，因此它被廣泛應用於建築業也就不會令人感到意外了。

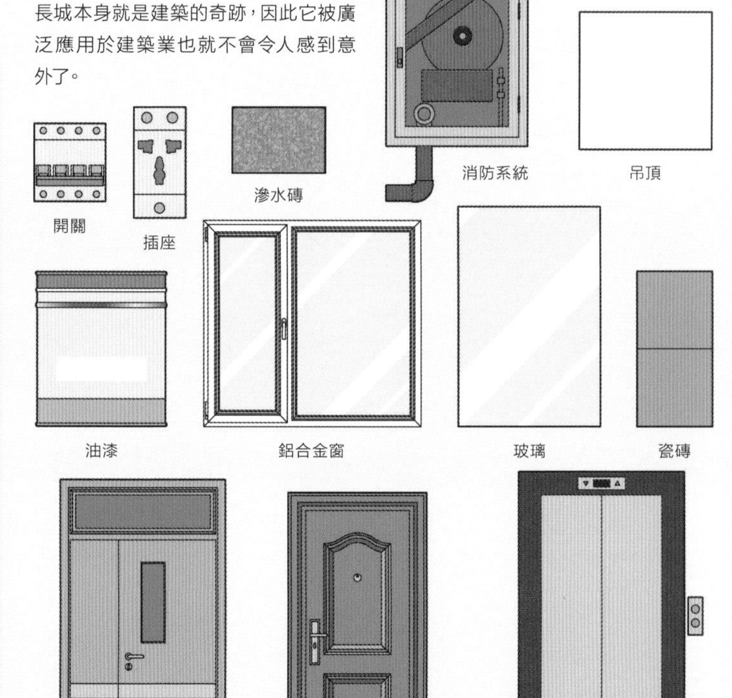

註：本圖未體現長城牌在服務業（如地產、金融、安保等）中的使用

飲品

長城葡萄酒早已深入人心，而全國還有很多公司在生產長城牌的其他酒。軟飲和乳製品也很普遍，停產的老品牌近年也被復活。

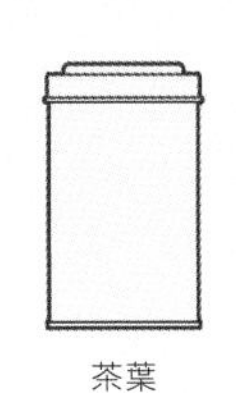

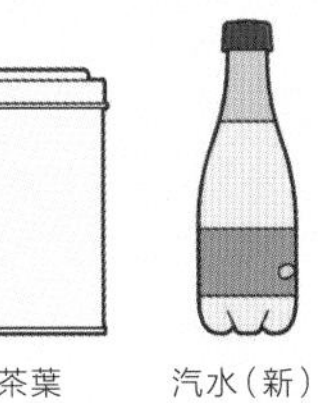

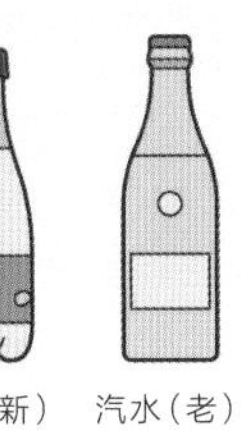

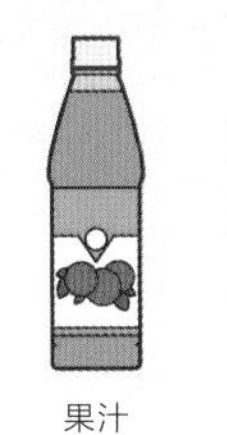

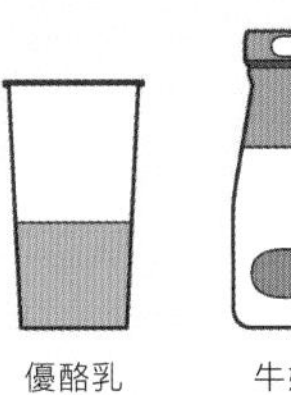

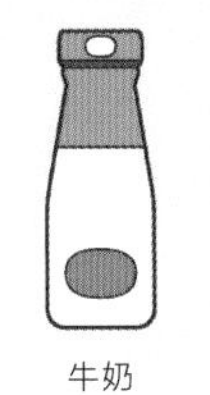

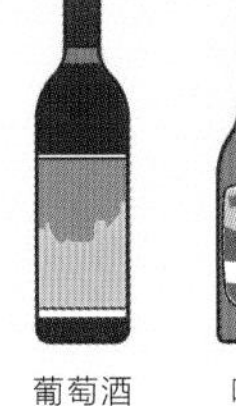

醫藥

天津的長城牌中成藥是當地知名品牌。其他地方也有長城牌醫療器械和儀器生產。

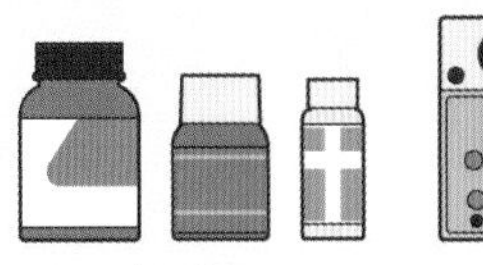

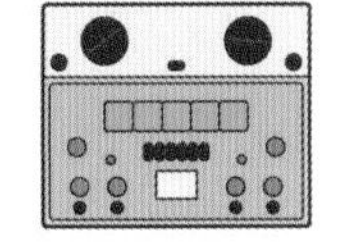

其他

有文的也有武的，有昂貴的也有廉價的，有天上的也有地上的，但它們都是長城牌。

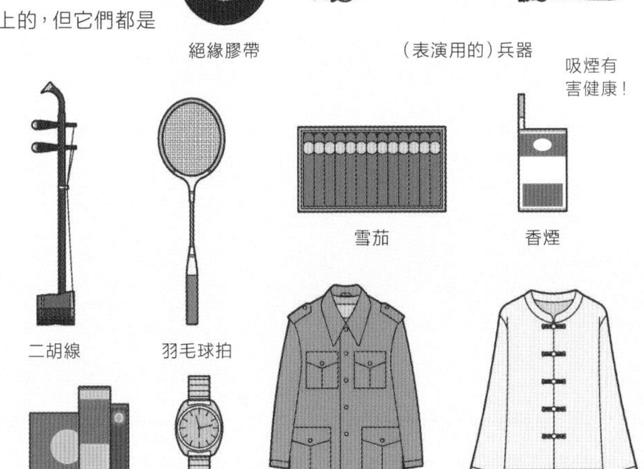

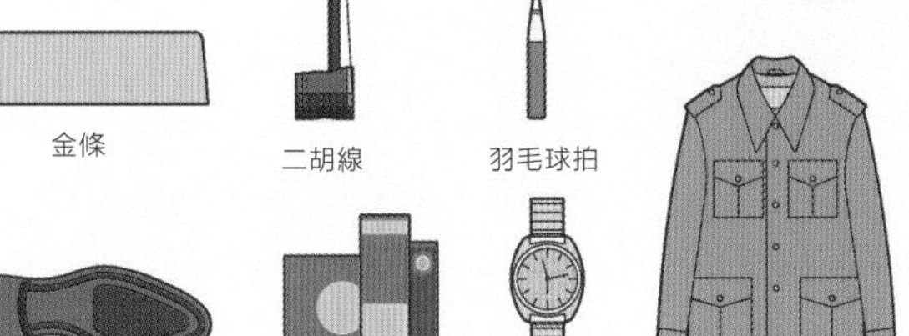

工業

長城牌在工業中出現得非常普遍。這也許與長城厚重、堅固的形象有關。

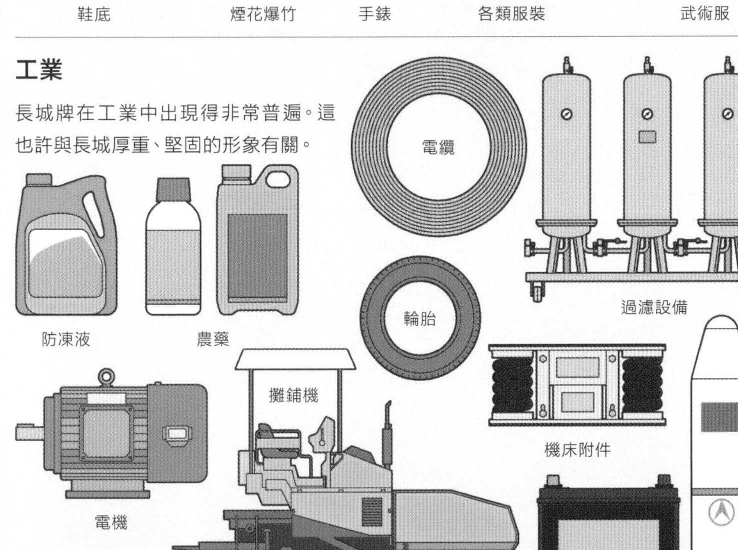

材料

與工業和建築業聯繫緊密的各種特殊材料也常常用長城作品牌。

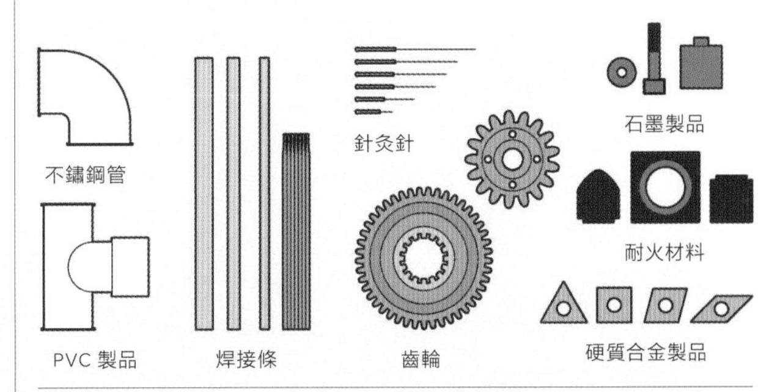

文具

不同公司的產品幾乎涵蓋了所有常用文具類型，也不乏長城牌鉛筆等明星產品。

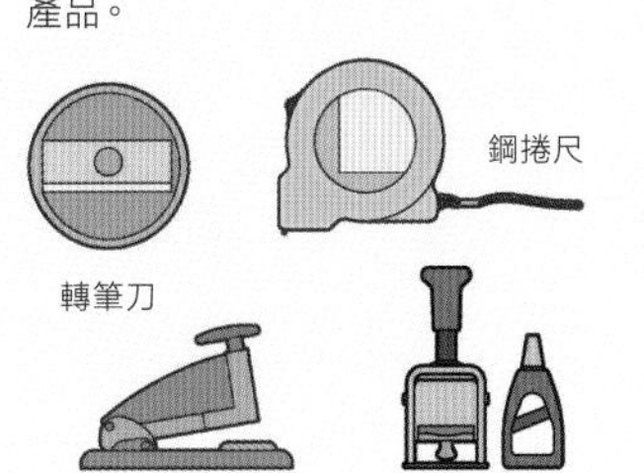

食物

民以食為天！長城牌食物可能比你想像的普遍，因為它們多出現在幕後，讓普通消費者難以意識到它們的存在。

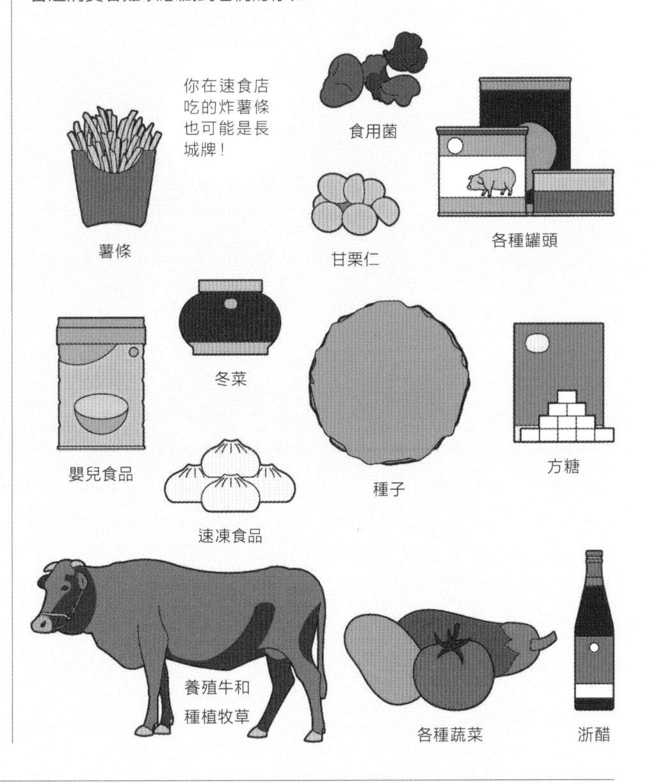

5.4 What a Great Wall !

Μέγα Σινικό Τείχος	万里の長城
Murus Sinicus	만리장성
Chinesische Mauer	Chinese Muur
Grande Muraglia	Gran Muralla
Grande Muraille	دیوار بزرگ
Grande Muralha	Great Wall

在西方人心中，長城是甚麼？

和單純將長城視為軍事設施的古代中國人不同，自古以來西方人心中的長城都像是一種象徵物：它象徵着東方神秘的未知世界、理性與秩序的象徵、最強的人造防禦工事……以及，中國。

長城如今在英文中被稱為 the Great Wall，這個名字至遲是在十九世紀末出現的。直譯為「偉大的牆」的翻譯還存在於法語（La Grande Muraille）和西班牙文（La Gran Muralla）等語言中。但在另一些語言中，它則被稱作「中國的牆」，比如德語（Chinesische Mauer）和荷蘭文（Chinese Muur）。

> **在東方和距兩個斯基泰地區以遠的地方，有一用高牆築成的圓城廓將賽里斯國環繞了起來。**
>
> ——〔古希臘〕瑪律塞林的《事業》，4 世紀

> **據說中國國王擁有一道城牆，只在遇到極高的山和很寬的河的地方才會斷開。**
>
> ——〔埃及〕努威里的《文苑觀止》，13 世紀

> **43度至45度之間矗立着一道城牆，西起嘉峪關，沿山脈而行，東至東海海角，長度在200里格（約1000千米）以上，是一大奇觀。城牆並未連成一體，而是利用了陡峭山脈，只是在關隘處築有城牆。城牆是為防範韃靼人或蠻家人之入侵。**
>
> ——〔葡〕巴羅斯的《每十年史》，1552 年

> **中國北部有一道方石築成的雄偉邊牆，有差不多七百里格（3500千米）長，七噚高，底部六噚寬，頂部三噚，據說全蓋上瓦，是世界上最著名的建築工程之一。城牆外還有城鎮作為邊哨，並且派遣總督、大將駐守。**
>
> ——〔西〕拉達的《記大明的中國事情》，1575 年

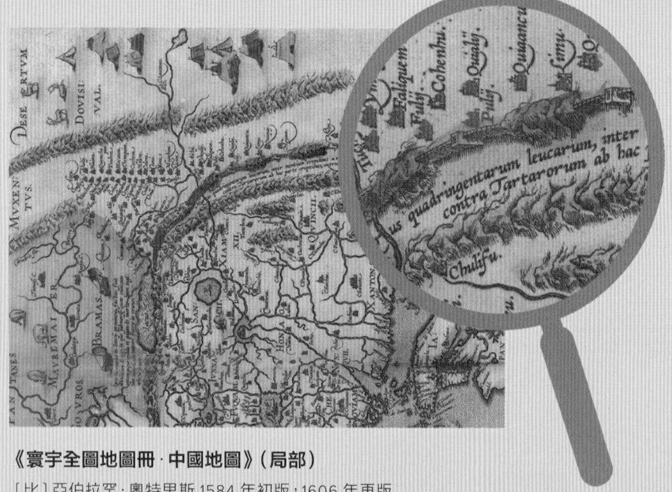

《寰宇全圖地圖冊·中國地圖》（局部）
〔比〕亞伯拉罕·奧特里斯 1584 年初版，1606 年再版
這是目前已知的第一張標註出長城的西方地圖。圖中寫到：「在崇山峻嶺之間，有一座由中國皇帝建造的、長 400 里格（約 2000 千米）的牆。它是用來防止韃靼人入侵的。」不過，本圖中的長城和真正的明長城不太像，長度也不對。

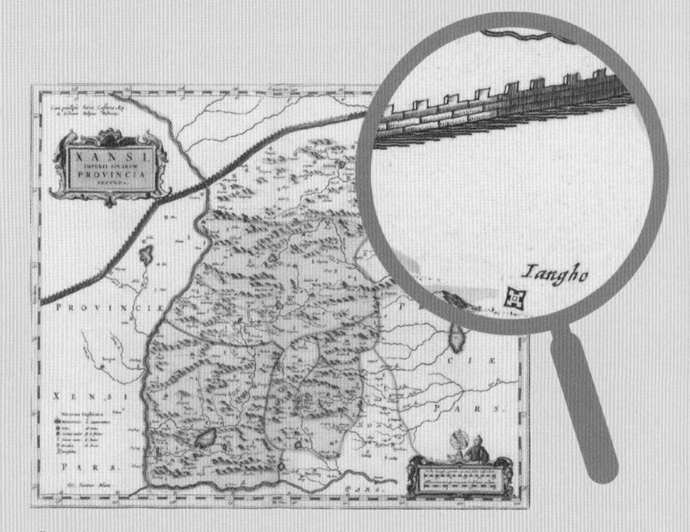

《Atlas Maior 地圖冊·中國山西地圖》
〔荷〕約翰·布勞，1655 年
本套地圖中長城的外觀已經和真正的長城十分接近。

在外太空能用肉眼看見長城？所有長城都是2000多年前秦始皇修的？長城只有軍事功能？……儘管如今長城對西方人來說已不再神秘，但許多人仍然會對長城有各種誤解。相信看完本書的您，也可以為「老外」們更好地介紹長城了！

4世紀

第一階段：東方傳說

16 世紀以前，西方人的長城知識主要來自絲綢之路商人、各國使節和流亡者的道聽途說。口口相傳的零碎資訊混雜着講述者對東方的主觀想像，讓長城早期的形象誇張而神秘——畢竟，許多講述者可能根本沒親眼見過長城。

> （長城）過去曾固若金湯，而今卻幾近廢墟——長城上那些經歷了無數次戰鬥的磚砌平台和雉堞，以及無數長城建造者們是如何憑藉他們的勤勉和機巧，克服重重困難，把這座巨大無比和舉世聞名的長城建在了那些山谷、河流、丘陵和高山上。
>
> ——〔英〕《倫敦新聞畫報》1842 年 12 月 10 日

> 從這些拱頂建築看出，它們似乎是專門為弓箭手和手持長矛的兵勇——並非為哪一種火炮——而設計的。
>
> ——〔英〕《倫敦新聞畫報》1850 年 10 月 5 日

《中國長城局部：古北口》

〔英〕威廉·亞歷山大 1793 年初繪，1797 年重繪

儘管畫師其實並沒有親眼見到長城，不過這張水彩畫在 19 世紀被不停地重繪、出版，這也是西方世界見到的最早的長城視覺圖像。

部分在長城留影的外國元首

最常被外國元首訪問的長城是哪裏？毫無疑問，一定是八達嶺。而首腦們在八達嶺留影的背景，還是同一個地方，即北二樓至北四樓間的經典「VIP 地段」。在這裏拍過照片的外國首腦包括：尼克森、伊莉莎白女王、葉利欽、明仁天皇、卡斯特羅、奧巴馬等等。

OXFORD ATLAS OF THE WORLD

在包括《牛津世界地圖集》在內的一些西方世界普遍使用的地圖上，長城都被特意標出（儘管不完全準確）。

外國探險家用照片做成的明信片

〔日、美、德、英〕探險家們，約 1900 年

《長城上的敵台》

〔英〕《倫敦新聞畫報》，1850 年

威廉·埃德加·蓋洛（1865–1925）

威廉·埃德加·蓋洛和他的《中國長城》

威廉·埃德加·蓋洛在 1907–1908 年從山海關走到嘉峪關，是完成此舉的首人。1909 年，他出版了《中國長城》，這也是世界上第一本關於長城的專著。

16世紀　19世紀　21世紀

第二階段：世界奇跡

16 世紀起，歐洲進入了大航海時代，不斷有西方傳教士和「友好」使節來到東方，以震驚而警惕的目光打量着趴在山脈上的「巨龍」——長城。不過，當他們發現長城對自己的威脅並不大的時候，對它的軍事興趣就逐漸轉為考古興趣。

第三階段：「Must-Go Place」

20 世紀初，前線記者對長城的新聞報道吸引了眾多探險家前來一探究竟，探險家們回國後出版的遊記又進一步鞏固了長城的「世界奇跡」形象。之後，長城開始出現在西方教科書、工具書與電視節目中，成為常識般的存在。今天，外國人來訪中國時的 must-go places 名單中，一定會有長城。

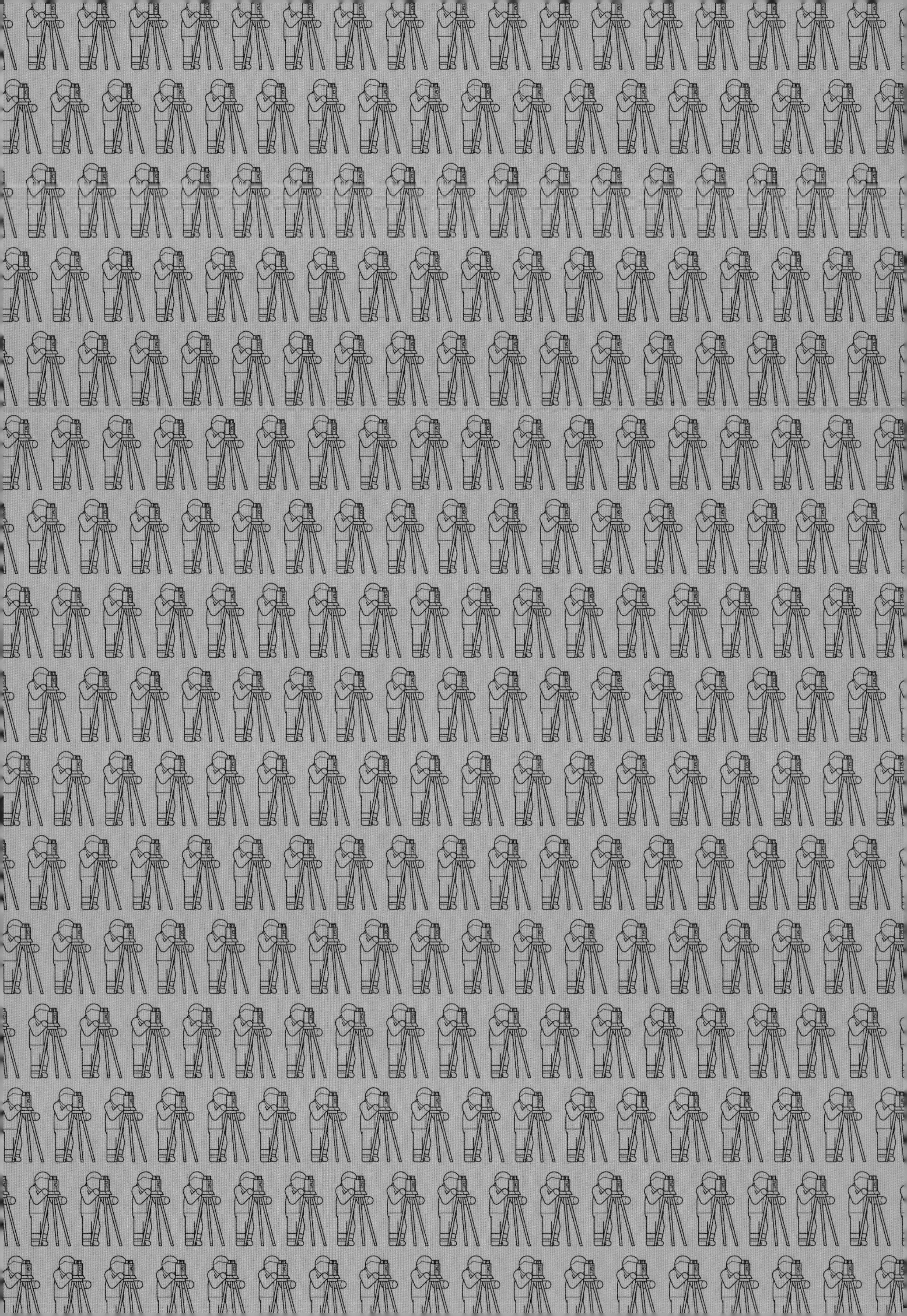

CHAPTER 6

CULTURAL RELICS

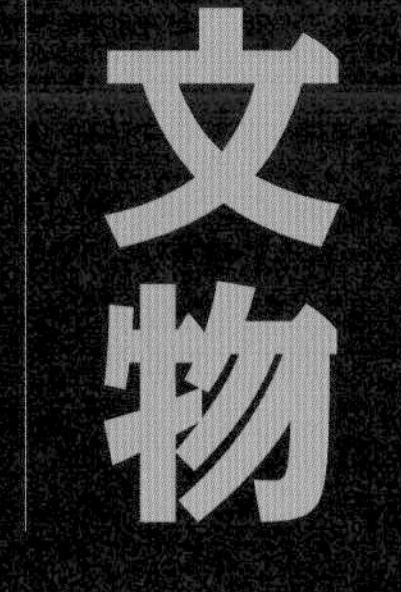

過去，需要長城來保護我們，而現在，則需要我們來保護長城。保護長城的共識在今天似乎並不難達成，但實際的保護工作仍然困難重重。放眼世界，沒有哪一處歷史文化遺產會覆蓋如此廣闊的地區，而「長城每天都在消失」的言論並非聳人聽聞。那我們每個人都可以參與到保護長城的行列中嗎？這一章的內容將告訴你，答案是肯定的。

6.1 毀壞長城

長城是如何一點點消失的？

長城是堅固的，但即便不經歷戰火，它也會由於各種原因被毀壞。強大的自然力上千年來持續不斷地磨損着這座巨大的人造物，而人類自己也沒閒着，我們的很多活動對長城都構成了威脅。

根系生長 草

長城上小喬木、灌木和草本植物的根系深入牆裏，使牆變得疏鬆、膨脹開裂。

雨水侵蝕 水

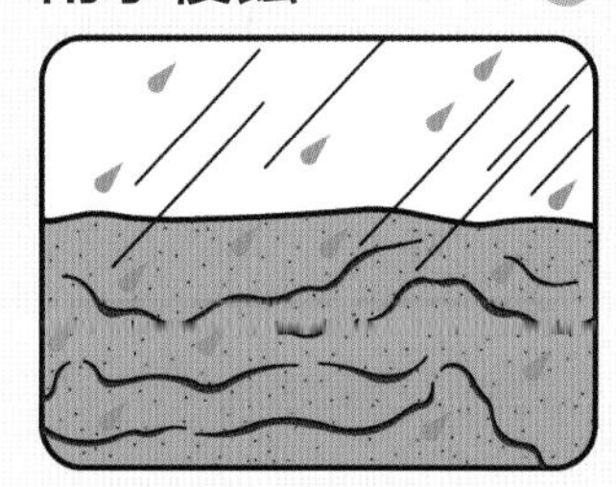

土質牆體的耐水性比較差，雨水沖刷牆體，使得牆表面鬆散、片狀開裂，長期下來會在牆上形成沖溝，甚至坍塌。

冰雪凍融 冰

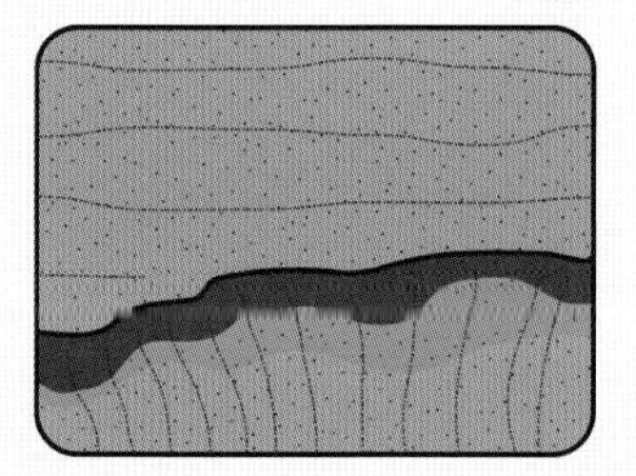

土裏的水因寒冷結冰，氣温回升後，冰又融為水滲入牆體，使牆掏蝕凹進。

風沙侵蝕 土

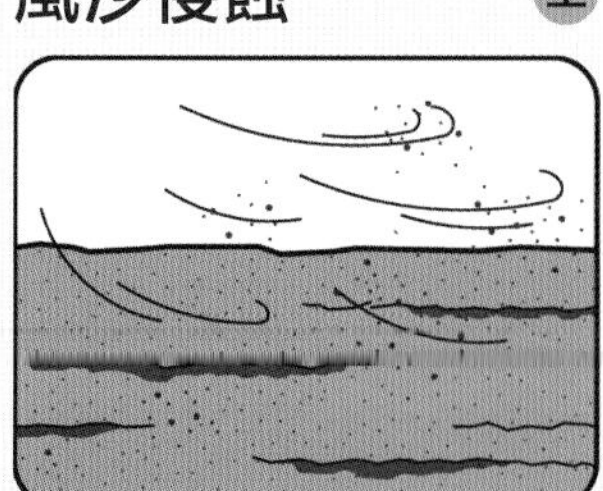

數百年來的大風將邊牆表層土剝落吹落。當風中挾帶沙石時則更加嚴重，牆的中部和底部會被風沙打磨而產生掏蝕，最終坍塌。

苔蘚滋生 草

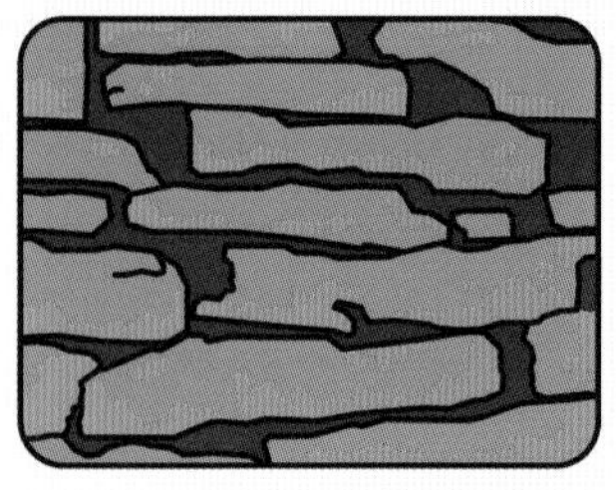

苔蘚和地衣會分泌有機酸等物質溶蝕牆體。但也有人研究發現，苔蘚與表層土形成一個密實的結構面，能防止風雨侵蝕。

洪水沖刷 水

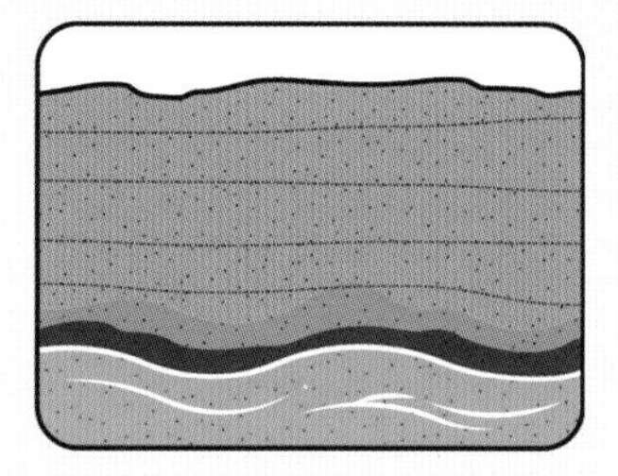

與河流親密接觸的城牆段受到洪水威脅更大。山西老牛灣長城和遼寧九門口長城城橋在歷史上都被洪水毀壞沖垮過。

温差破壞 冰

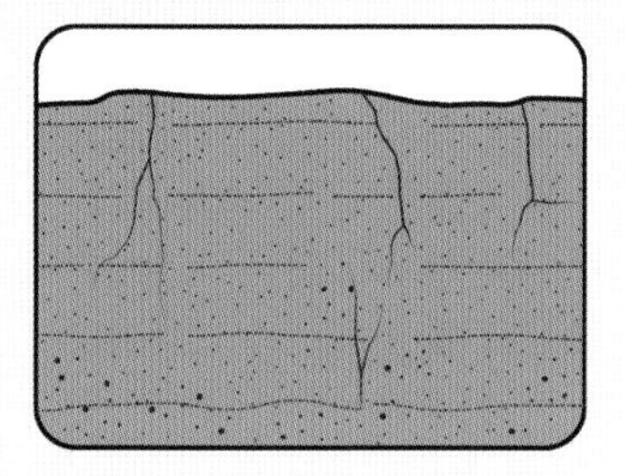

在温差比較大的地區，土牆表面與內部温度往往不一致，所以體積膨脹與收縮不同步，使牆體疏鬆、產生裂縫。

地質沉降 土

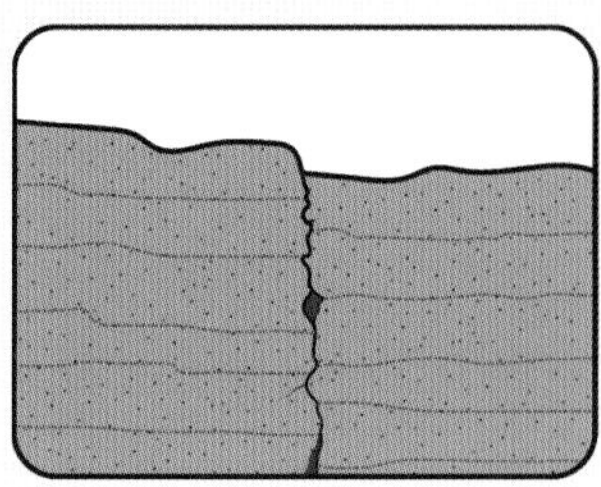

長城也無法抵抗緩慢卻難以逆轉的地面沉降。

動物踩踏 動

長城沿線的動物踩踏、刨食，尤其是放牧的牛、羊，在城牆和台體留下了足跡和糞便。

酸雨 水

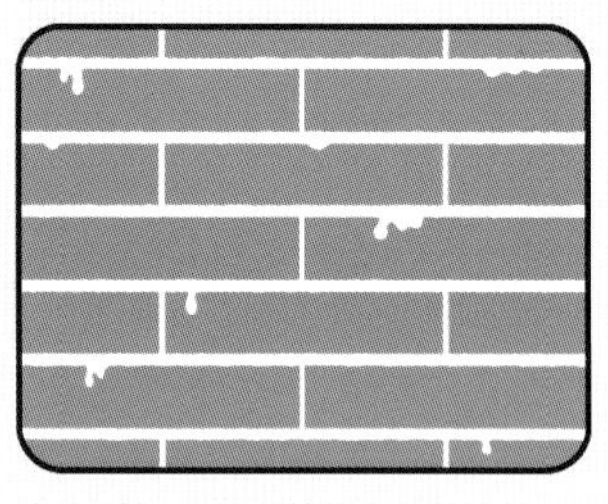

磚砌長城和石砌長城的主要黏結劑——石灰，很怕酸的腐蝕，而酸雨對石刻和城磚本身也有腐蝕的作用。

酥鹼 土 + 冰

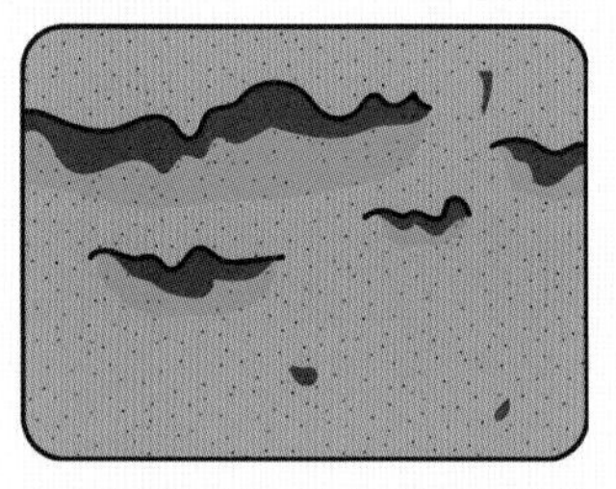

土長城裏的可溶性鹽，隨着温濕度的變化而重複着「結晶膨脹」和「溶解收縮」的輪迴，這會讓土變得疏鬆，一點點脫落。

沙漠覆蓋 土

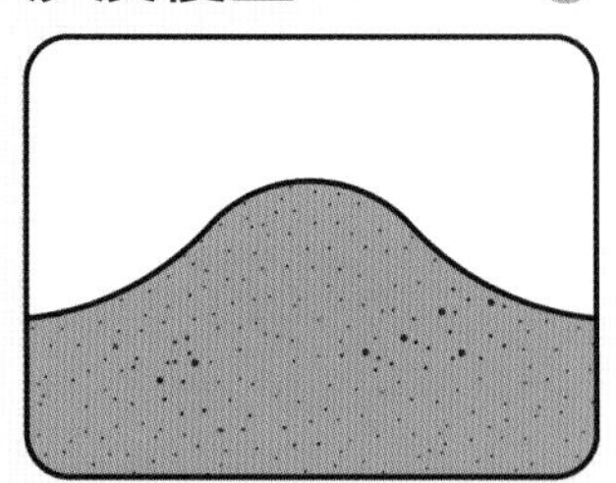

長城處於荒漠與農耕區的邊緣地帶上，隨着西北地區地荒漠化加劇，長城也會被風沙吞沒。

動物築巢 動

鳥類和昆蟲在土質牆體上鑽孔安家，鼠類、蛇類、兔類打洞把長城變得千瘡百孔，使牆體越來越脆弱，加劇風化。

雷擊 電

長城常建在山上、山頂等突出地帶，很容易遭受雷擊。而長城是傳統的磚石木結構，沒有抵禦雷擊的能力。

地震 土

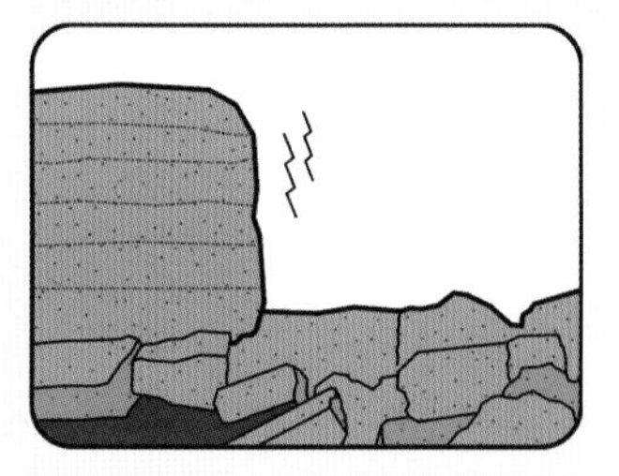

長城由東到西穿越了多個地震區和地震帶。在地震的巨大作用力下，城牆和建築輕則開裂位移，重則崩裂坍塌。

隨地亂扔垃圾 人

土 ——與地質條件有關的破壞　電 ——與雷電有關的破壞　草 ——與植物有關的破壞　人 ——人為的破壞

水 ——與水有關的破壞　動 ——與動物有關的破壞　冰 ——與溫度有關的破壞

基建工程 人

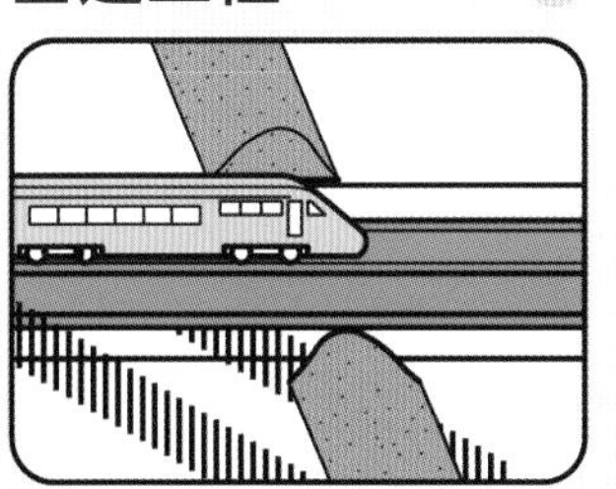

公路、鐵路和輸油管道等大型基礎設施頻繁穿越長城。在蘭新鐵路、連霍高速公路的兩側不時能看到斷斷續續的牆體和烽燧。

不恰當的修繕 人

把所有長城都修成八達嶺？拆了長城在原址上重建？拆東牆補西牆？簡單粗暴的修繕不單沒有起到保護作用，反而加重了傷害。

掏建窯洞 人

窯洞是西北地區傳統居住方式，但你見過長城上的窯洞嗎？有的土質邊牆和墩台都被挖了窯洞，直到現在還有人住在長城裏。

攀爬踩踏 人

遊人隨意攀爬長城、扒毀城磚、踩塌步道，使本來就脆弱的牆體和建築鬆動、開裂。這並不是一個太好的「征服長城」的方式。

私拆磚石 人

長城包磚在哪裏？神奇的長城磚不僅出現在長城上，還被用來蓋房子，建羊圈，圍菜園，可謂一磚多用。

塗抹刻畫 人

長城上隨處可見不同語言、形象的刻劃痕跡，多是刻字留名，甚至還有人寫「保護長城」！

刷塗標語 人

長城牆體和建築上留有不同年代塗刷的標語，在這些「濃妝豔抹」之下，長城的肌理已經模糊難辨。

私搭亂建 人

這是名副其實「住在長城腳下」的一些人。他們把長城用作自家院牆，或是開闢一段成為屋牆，甚至直接把屋子建在長城上。

過度旅遊開發 人

一些著名景區人滿為患，長城已經不堪重負。急功近利的旅遊開發會產生大量配套設施，破壞長城本體和周邊環境。

取土 人

夯土長城附近的很多人都對土牆虎視眈眈。墊地基、修院落、補耕地，一人一鏟子，長城縱有萬里也將不復存在。

景觀破壞 人

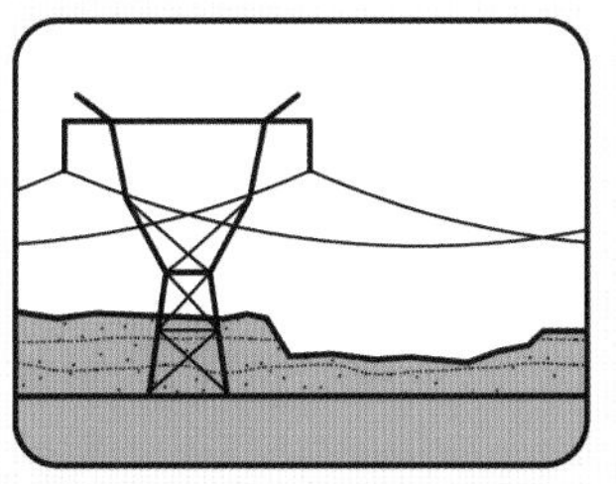

跨過長城的高架橋、高壓輸電線等基礎設施，都破壞了長城古樸的韻味。

整地耕種 人

建造長城的土的肥沃程度怎麼樣？這不好說，但的確有人成功地在長城上種上了菜。

盜掘文物 人

古人在長城附近遺落的兵器和日用品在一些今人看來就是致富的捷徑。

非法採礦 人

非法採礦者將長城挖出一個個缺口，炸山採石也讓附近的長城搖搖欲墜。

私開豁口 人

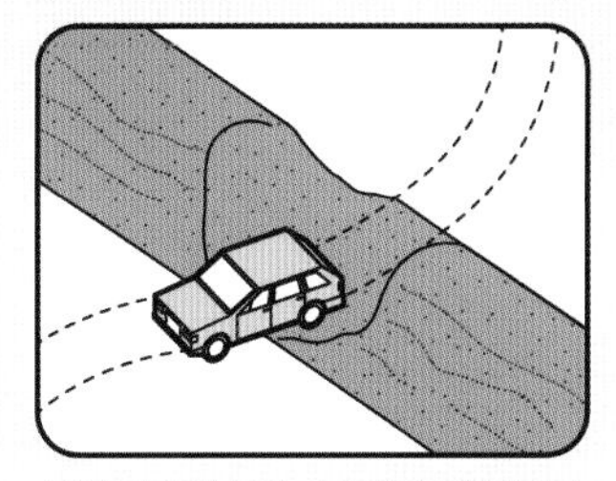

人們為了通行便利，在邊牆上開了大大小小的豁口。長城本沒有缺口，走的人多了，也就成了路。

意想不到

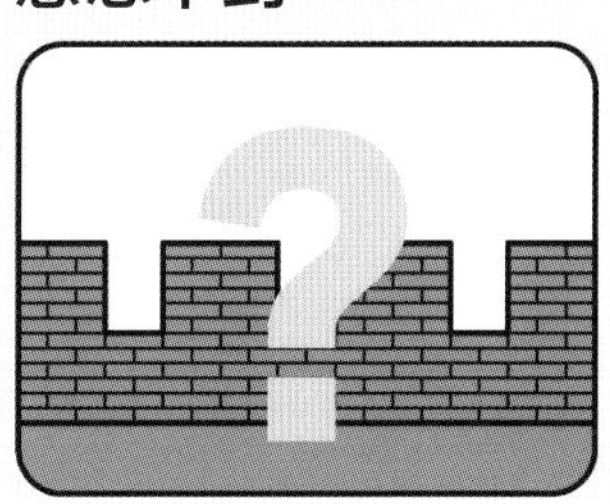

很多意想不到的方式都會破壞長城，所以就更需要研究如何保護它。

6.2 保衛長城

為長城我們可以做些甚麼？

保護長城是必須的，但至於怎樣保護長城，可能就說不太清楚了。事實上，我們可以為長城做很多事情。其中有一些，即便你不是相關專業人士，也可以做。

關於維修 

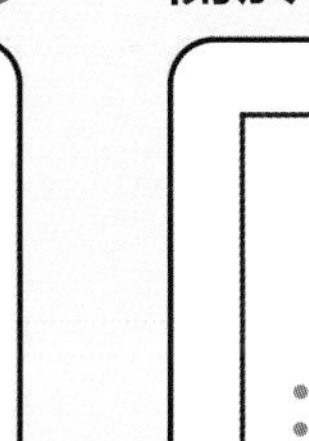

各地長城形制、材料、工藝都不一樣，那長城到底應該怎麼修？《長城保護維修工作指導意見》提供了一些基本思路和引導。

關於保護員 

長城分佈太廣了，一些長城附近的居民便承擔起了維護長城的重任。《長城保護員管理辦法》明確了他們的身份、職責和權益。

長城保護規劃 

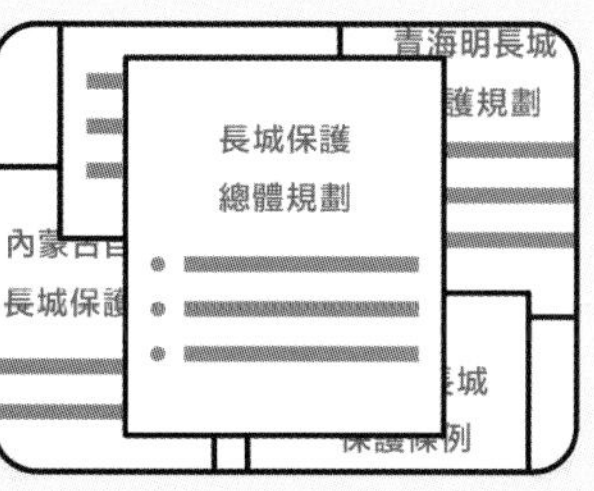

與保護法規不同，保護規劃是更細緻的保護措施和實施計劃。在各地方的規劃基礎上，《長城保護總體規劃》也於2019年1月頒佈。

保護標誌 管

長城保護標誌有標誌牌、界樁和說明牌三種。其中用來標識保護範圍的界樁最多，標誌牌則是很多人的打卡目的地。

法規 

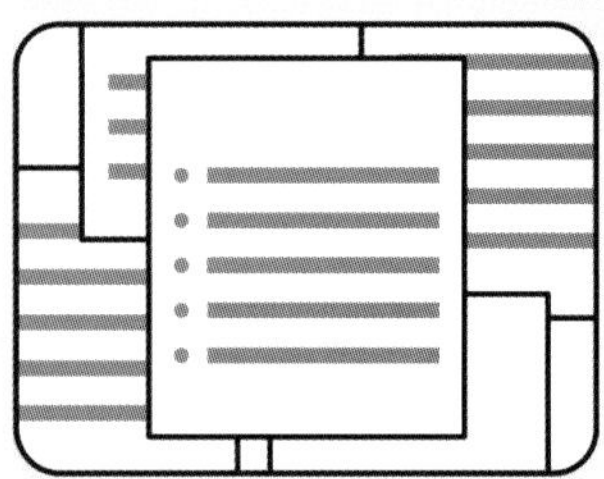

保護長城需要有法可依。本圖較詳細地列舉了長城保護相關的法規。

關於管理 

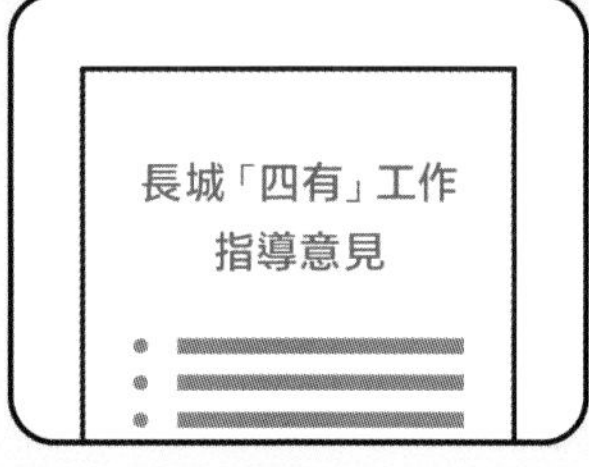

有保護範圍、有保護標誌、有記錄檔案、有保護機構。儘管長城遺跡的保存狀況不一，但這四個「有」一個都不能少。

國際公約檔案 

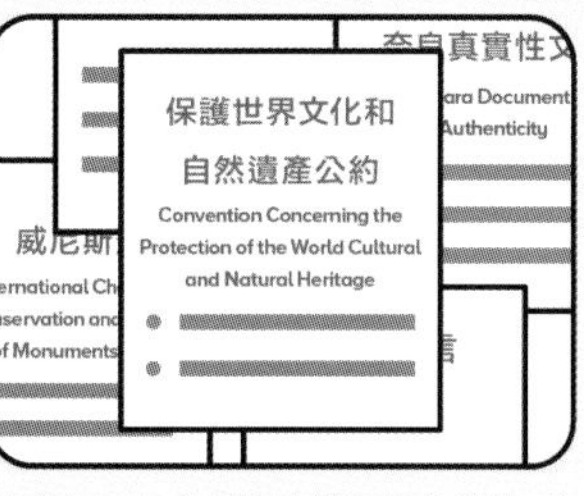

長城在1987年被列入世界遺產名錄，作為全人類世界遺產的一部分，長城的保護工作在國際上備受矚目。

保護範圍 管

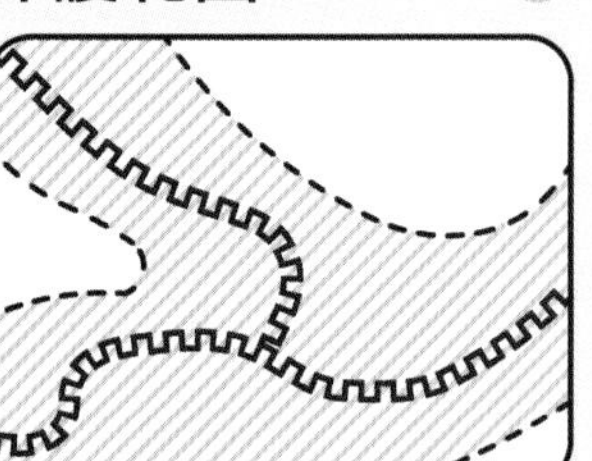

我們保護的不只是長城本身，俗話說「唇亡齒寒」，因此在長城兩側劃出10–500米的緩衝區，長城也會更安全一些。

文物保護法 

長城是不可移動文物，自然受到文物保護法的保護，《中華人民共和國文物保護法》則是長城保護最根本的一項法規。

地方性法規 

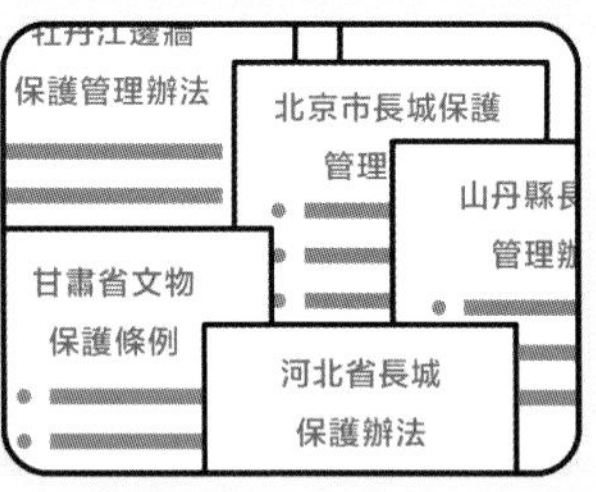

長城所在地的情況各不相同，只有國家標準顯然不夠，還需要長城沿線各省市根據自身的情況，制定專門的法規或實施細則。

執法巡查督察 法

立法不是終點，而是開始。法規的執行需要長期而持續的巡查和督察，你可以在國家文物局網站上查到每年的案件和處理結果。

保護單位 管

在中國的體系中，認定文物保護單位是所有保護工作的基礎。如今，全國所有長城認定段落中的86.7%都已經成為了保護單位。

長城保護條例 

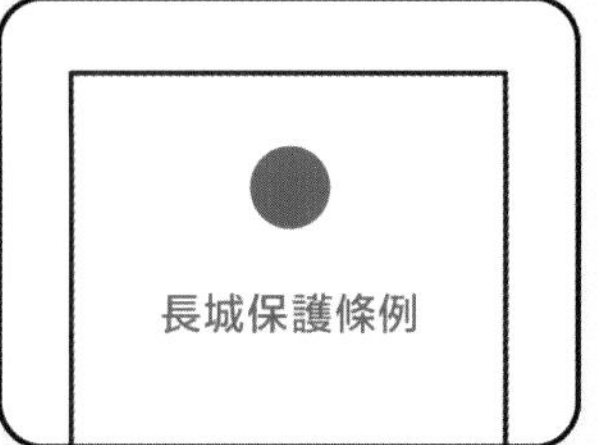

《長城保護條例》是國務院頒佈的為長城定製的專項保護法規。

關於執法 法

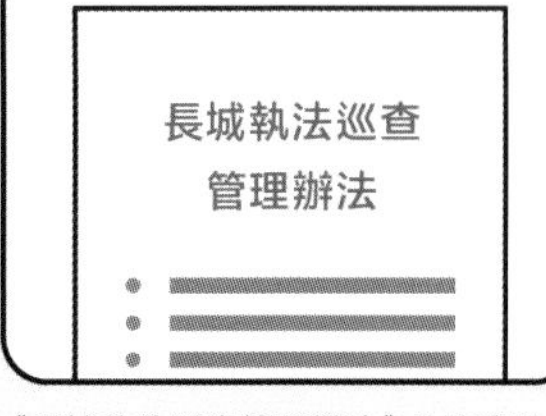

《長城執法巡查管理辦法》是政府及文物部門執法巡查的指導和依據。

違法舉報熱線 法

你發現破壞長城行為時，應立即撥打12359。

記錄檔案 管

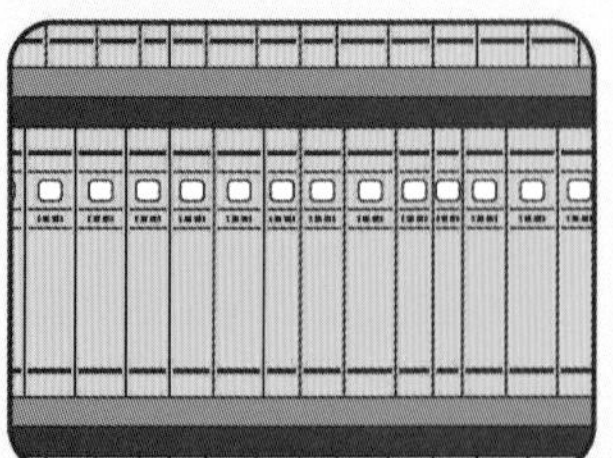

檔案是長城的基礎資料，它並非一勞永逸的工作，而是需要不斷更新。

法 ——與長城法規建設有關的保護

修 ——與長城維修有關的保護

眾 ——與公眾參與有關的保護

管 ——與長城管理有關的保護

研 ——與長城研究有關的保護

保護機構 管

由於地域分佈廣，長城保護需要多地各級保護機構共同完成。直至今天，基層仍然普遍缺乏長城專業保護者。

調查長城 研

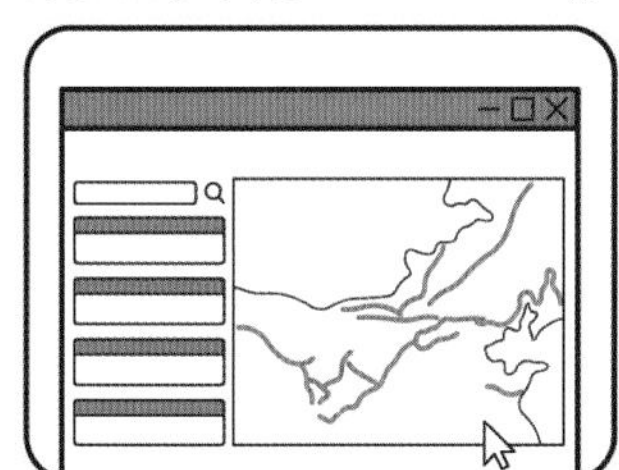

在討論保護長城之前，我們總得知道有哪些東西需要我們去保護吧！當然，想摸清萬里長城的情況並不容易，但卻必不可少。

分享資源 研

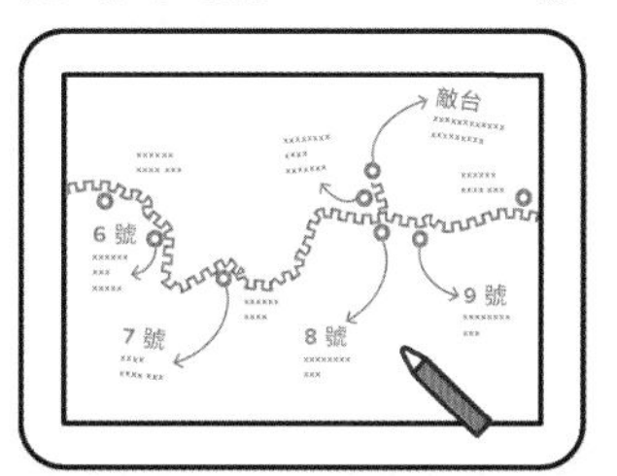

長城的信息被公開得越多，我們越能深入地了解長城，進而引發更多的研究和行動。在這方面，「中國長城遺產網」開了個好頭。

研究長城 研

幾百年來，長城吸引着無數人去研究它，積累了很多成果。儘管如此，也仍然遺留了大量未解之謎，需要今人和後人繼續努力。

監測與維護 修

和人一樣，長城也要日常保養。除雜草，掃積雪，把脆弱的結構預先支撐起來……在小事上未雨綢繆能避免很多大麻煩。

載體保護 修

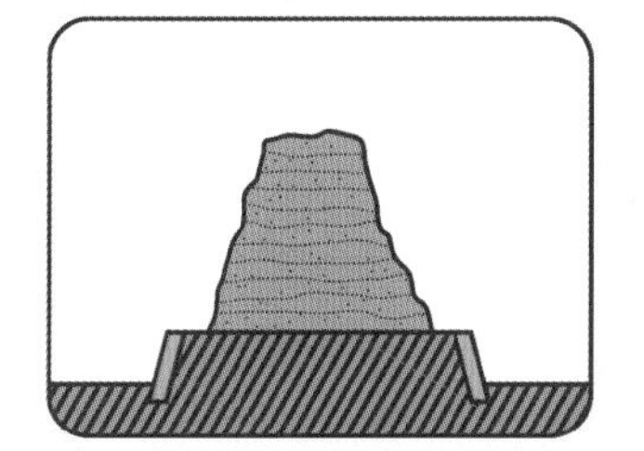

加固維修長城基礎、整治遺址周邊環境、修建防洪堤和泄洪渠，都能提高長城應對地質災害的能力，讓長城站得更穩。

長城藝術創作 眾

一千個人心裏就有一千個長城！古今中外因長城而起的藝術創作數不勝數，長城真是絕佳的靈感繆斯。

社會組織 眾

如今，我國已有長城相關的社會團體近 30 個，還有更多的非正式的團體和小組，在長城研究和宣傳教育方面做了很多努力。

修繕 修

為長城「診病療傷」並不簡單，要先詳細勘察記錄病徵，然後對症下藥，用原材料、原工藝修復成原來的模樣，絕不能給長城「整容」。

搶險加固 修

長城遇到突發危險怎麼辦？時間和條件有限時，工程人員會用支架臨時支撐、加固，給遺址「急救包紮」。

合理旅遊開發 眾

旅遊開發既能讓我們親近長城，也可以為長城所在地——尤其是一些偏遠地區，帶來經濟效益。不過，開發仍應以保護為前提。

長城教育 眾

長城是一本大書，當你仔細閱讀它時，不僅會讀到長城本身，還有歷史、地理、民族、藝術……讓我們把課堂搬到長城上吧！

保護性的設施 修

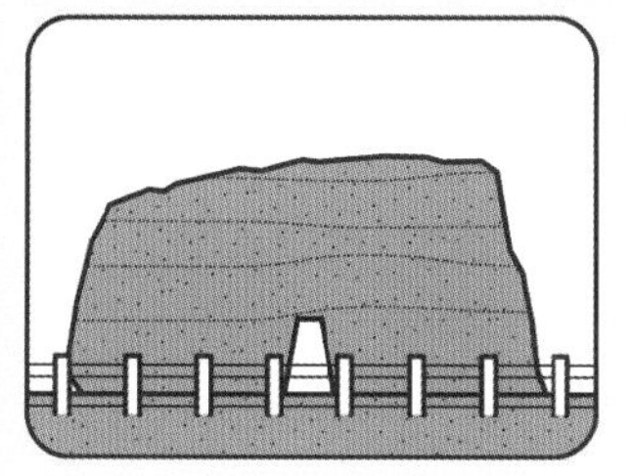

為了保護長城的安全，以圍欄為代表的各種附加設施也會派上用場。

互聯網眾籌 眾

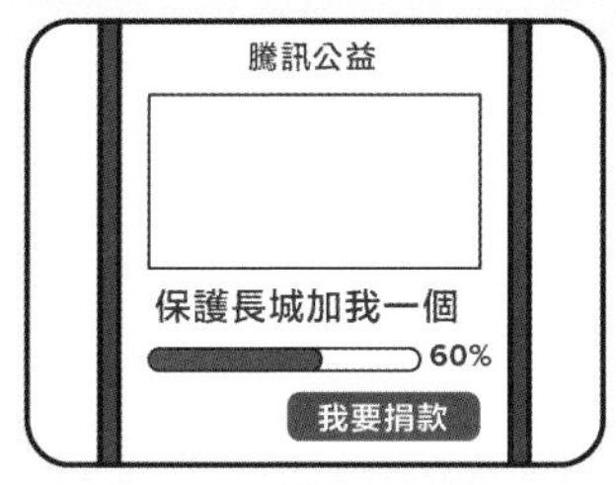

互聯網讓我們可以更直接地參與長城保護，眾籌便是其中一個途徑。

這本書 眾

你手上的這本漂亮的書，也是我們一次保護長城的嘗試呢！

你的參與！ 眾

6.3 修之前・修之後

如何修復壞了的長城？

對長城的修繕自古有之，只是古人把它作為堡壘來修繕，今天的我們則把它作為文物來修繕。作為堡壘的長城修得越堅固越好，但作為文物的長城該怎麼修呢？從本頁展示的例子來看，這不是個容易回答的問題。

今天我們怎樣修長城？

本頁展示的長城修繕案例時間跨度近70年，可以看到修繕思路的轉變——從早期常見的以重現歷史風貌為目標的復建，再到近年來越來越多的以搶險加固為目的、以不改變原狀為原則的維修。

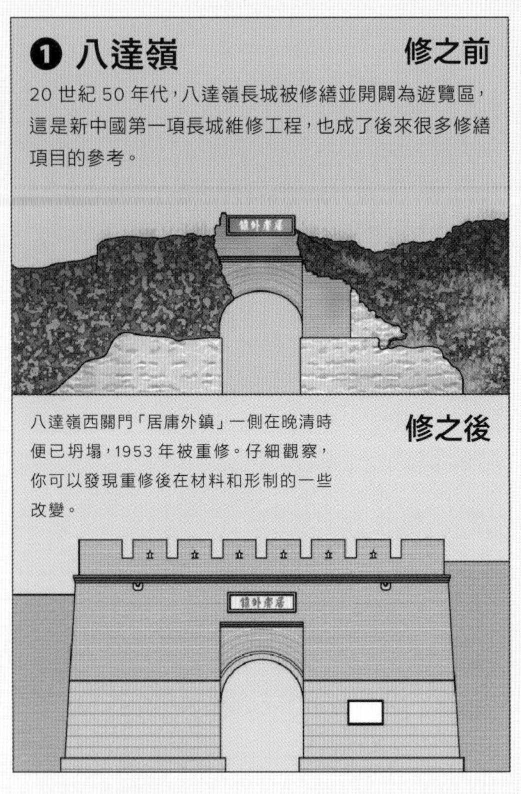

❶ 八達嶺

20 世紀 50 年代，八達嶺長城被修繕並開闢為遊覽區，這是新中國第一項長城維修工程，也成了後來很多修繕項目的參考。

八達嶺西關門「居庸外鎮」一側在晚清時便已坍塌，1953 年被重修。仔細觀察，你可以發現重修後在材料和形制的一些改變。

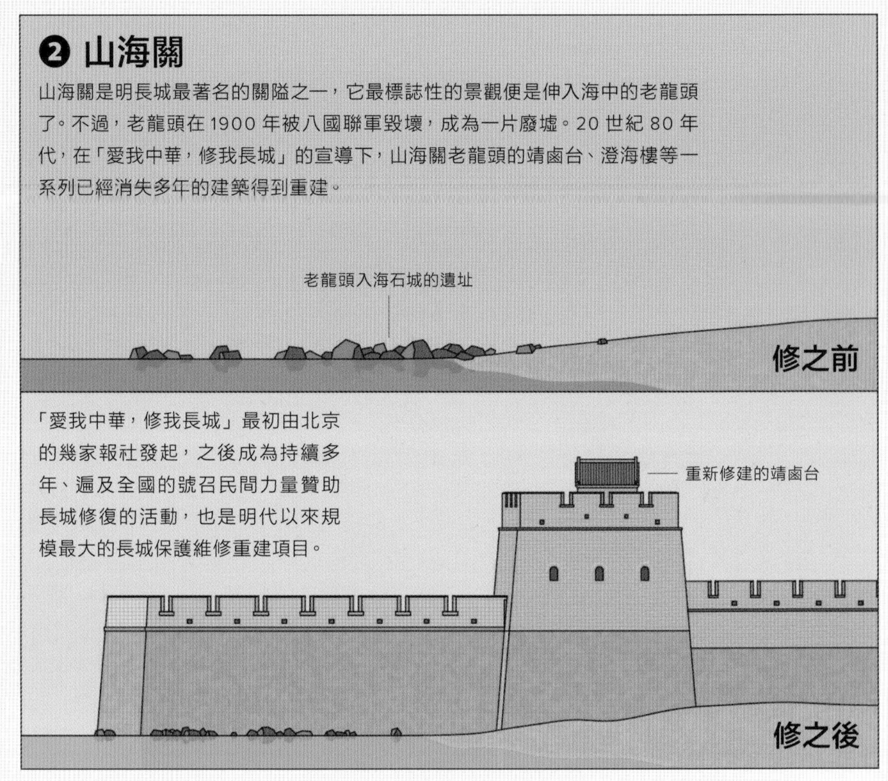

❷ 山海關

山海關是明長城最著名的關隘之一，它最標誌性的景觀便是伸入海中的老龍頭了。不過，老龍頭在 1900 年被八國聯軍毀壞，成為一片廢墟。20 世紀 80 年代，在「愛我中華，修我長城」的宣導下，山海關老龍頭的靖鹵台、澄海樓等一系列已經消失多年的建築得到重建。

「愛我中華，修我長城」最初由北京的幾家報社發起，之後成為持續多年、遍及全國的號召民間力量贊助長城修復的活動，也是明代以來規模最大的長城保護維修重建項目。

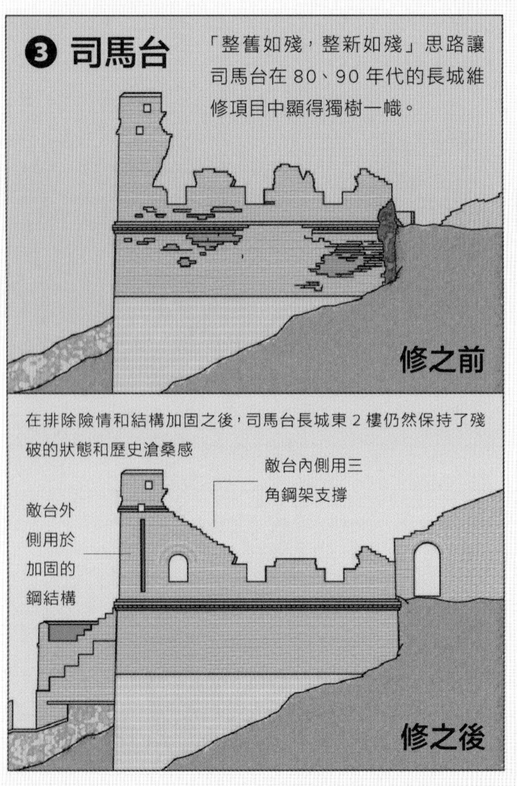

❸ 司馬台

「整舊如殘，整新如殘」思路讓司馬台在 80、90 年代的長城維修項目中顯得獨樹一幟。

在排除險情和結構加固之後，司馬台長城東 2 樓仍然保持了殘破的狀態和歷史滄桑感

❹ 居庸關

居庸關關城內的木結構建築，在民國時期便已基本無存，城垣也因年久失修和基礎設施建設而日益損壞。1992–2002 年，居庸關經歷了大規模的修繕和復建，才形成了如今的樣貌。

2014年頒佈的《長城保護維修工作指導意見》寫到：「長城本體搶險加固、消除長城本體安全隱患是長城保護維修工作的首要任務……長城保護維修必須遵守不改變文物原狀和最小干預的原則」。

在這些規則指導下所修的長城看起來可能和修之前沒有甚麼變化，卻是基於更實際的長城保護需求所做的維修。

如果還是想看長城完整的、古時候的樣子呢？也許更新的數碼技術能實現這一點。

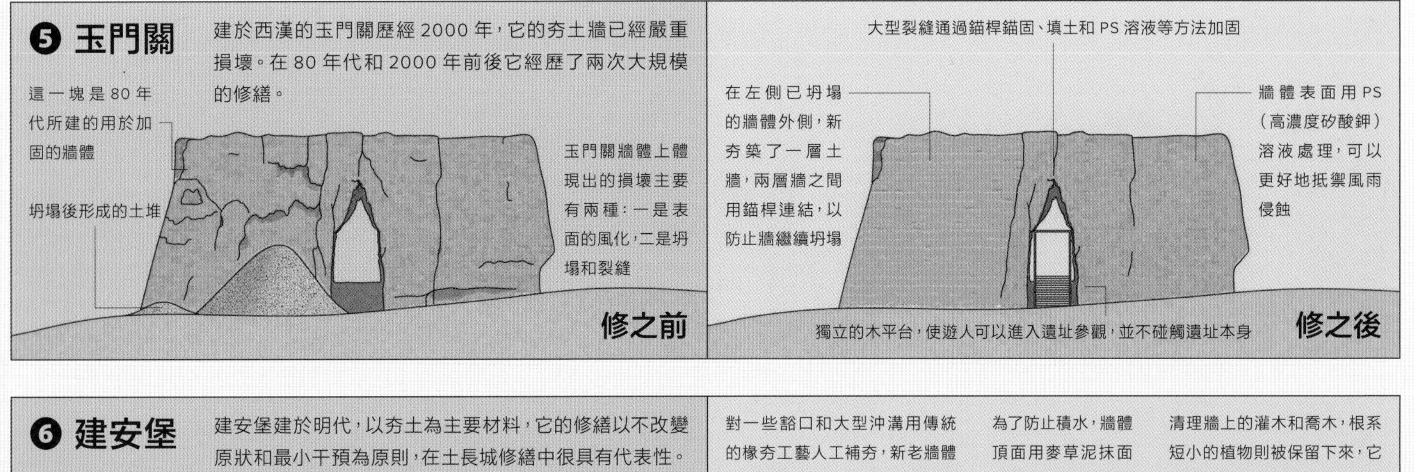

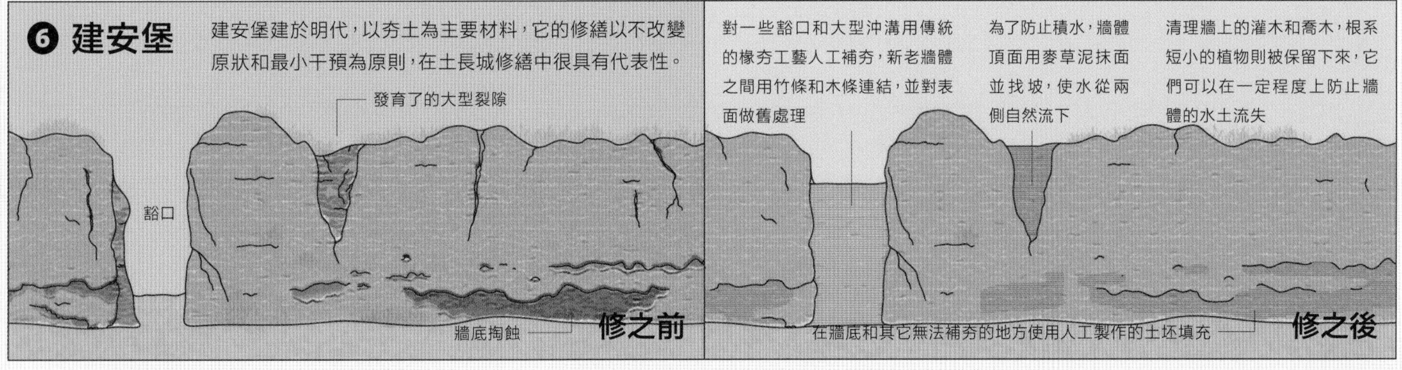

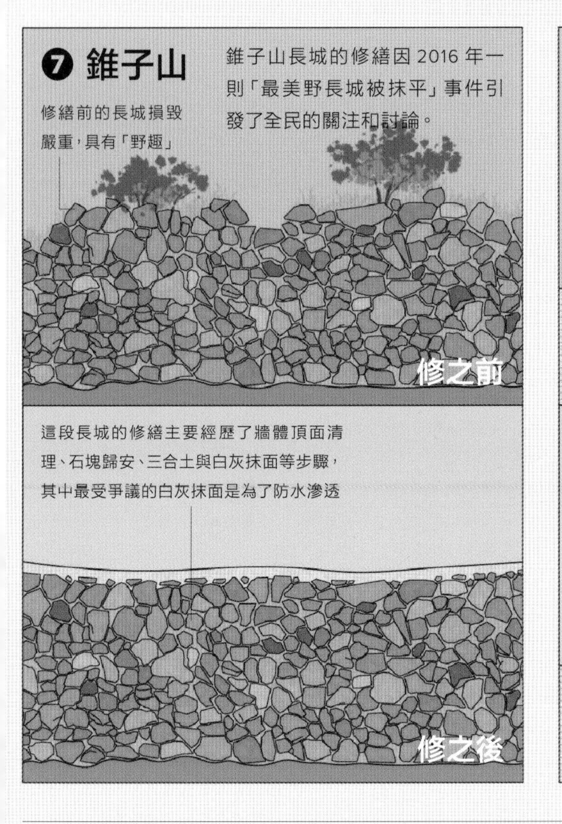

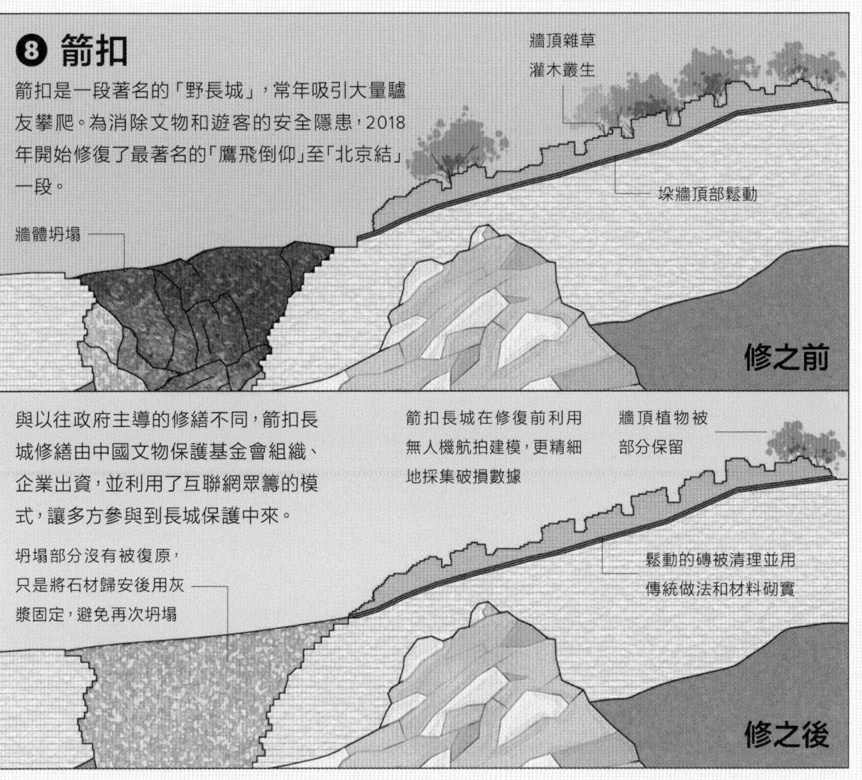

6.4 保護長城，有你有我

長城保護都需要哪些人的參與？

長城實在是太大、保存情況太複雜了，它的保護也尤其需要各行各業的參與，這張圖畫出了長城保護隊伍中的一些成員。另外，你不必覺得自己離長城很遠，事實上，你的很多行為都可以幫助到長城的保護呢。

政府機關

❶ 國務院公佈全國重點文物保護單位並頒佈相關保護法規，它們是長城保護的基本工作。各級地方政府負責完善法規體系，並主導本地保護工作開展。

❷ 國家文物局是調查與認定長城資源、編製總體規劃、劃定保護範圍、保護修繕、管理監督等等多項工作的牽頭者。

❸ 國家測繪局為長城資源調查提供基礎地理資訊與技術支援。

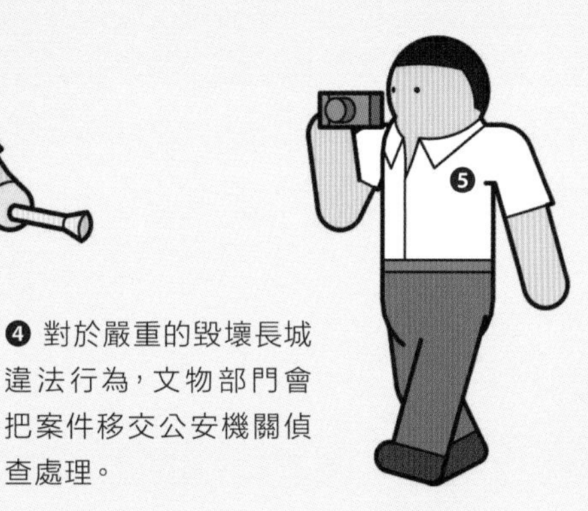

❹ 對於嚴重的毀壞長城違法行為，文物部門會把案件移交公安機關偵查處理。

❺ 各地文物部門的名字不同，但都是長城保護、管理、巡查等具體工作的執行者。對於跨越行政區域邊界的長城，鄰近省市會組織長城執法聯合巡查，京津冀以及寧夏和內蒙就是聯合巡查的好例子。

修繕工程

❾ 現在，每段長城修繕之前，都需要由專業考古單位先進行考古和勘探。

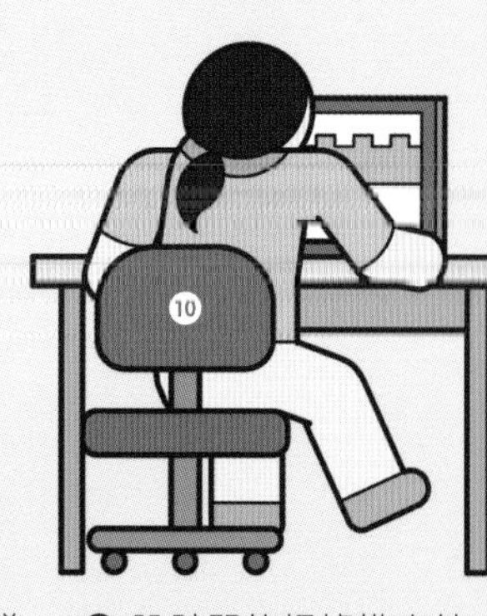

❿ 設計單位根據勘察結果，設計修繕方案，盡量不改變長城原貌。

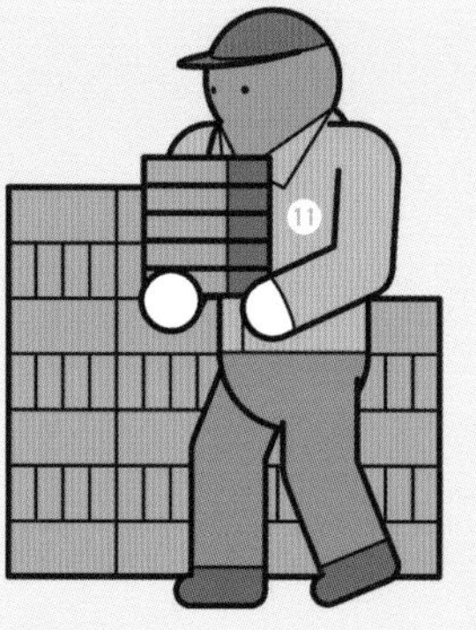

⓫ 材料供應商負責製造傳統材料。

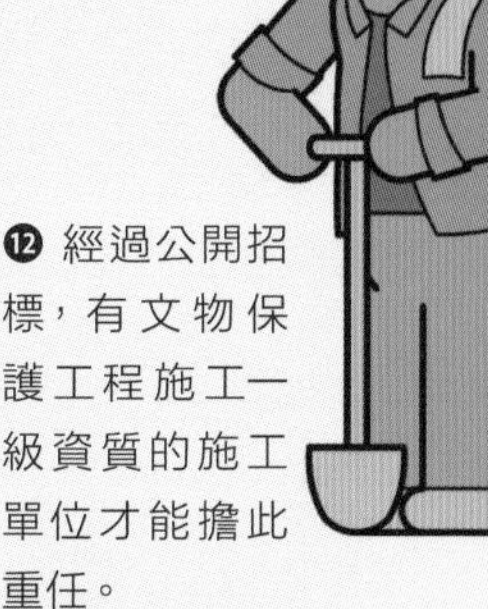

⓬ 經過公開招標，有文物保護工程施工一級資質的施工單位才能擔此重任。

⓭ 在修繕過程中，第三方監理機構要參與全程監督。

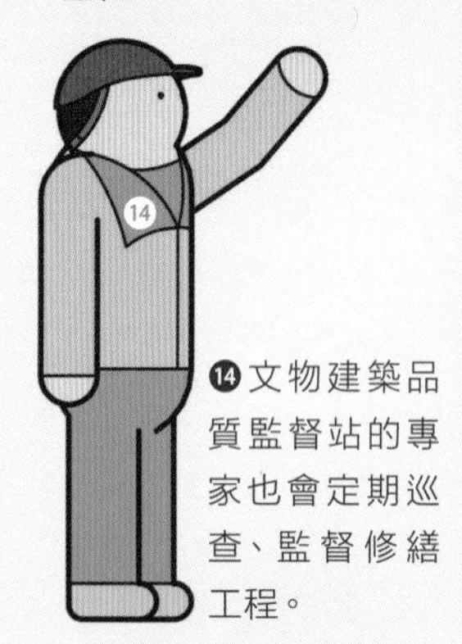

⓮ 文物建築品質監督站的專家也會定期巡查、監督修繕工程。

研究機構

❻ 中國文化遺產研究院長城保護研究室是國家級長城保護研究專業機構，是長城數據、保護管理和保護研究的中心。另外，還有許多公立科研機構都在研究長城，他們術業有專攻，像敦煌研究院就對土長城就更有心得。

❼ 高校發揮各自的歷史學、建築學等學科優勢，專注於長城的專項課題研究。

❽ 長城資源調查隊實地探訪、調查、記錄和測量了全國的每一處長城。

教育展示

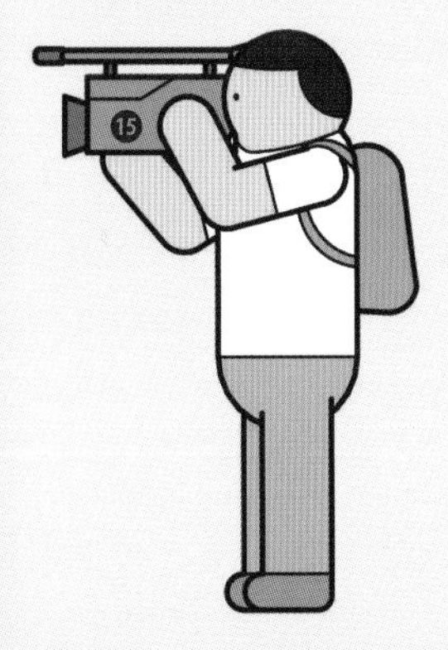

⓯ 電視、報紙和互聯網等媒體工作者，用不同方式向世界展示長城。

⓰ 景區離不開規劃、運營、消防、保安、清潔等工作人員的共同努力。

⓱ 博物館不僅是保存和展示文物的地方，也更注重寓教於樂的觀賞體驗。

國際組織

㉔ 國際古蹟遺址理事會每年都舉辦關於遺址保護的國際學術研討會。

㉕ 國際文化財產保護與修復研究中心定期舉辦培訓和考察活動。

社會組織

⓲ 中國文物保護基金會為政府、文管部門、社會力量牽線搭橋，提供合作平台，並向大眾宣傳長城保護工作的進展。

⓳ 志願者引導遊客、撿拾垃圾、制止不文明行為，補充了維護長城的力量。

⓴ 國際長城之友協會由英國人威廉·琳賽創立，致力於普及保護長城與愛護環境的理念。

㉑ 長城小站是長城迷線上交流、組織線下活動的網站。

㉒ 中國長城學會是組織徒步、編書、書畫展等活動的老牌長城保護團體。

㉓ 長城被聯合國教科文組織列入世界遺產名錄，國際公約為我國長城保護工作提供了指導。同時，他們也與國內研究機構合作進行數字長城研究。

大眾參與

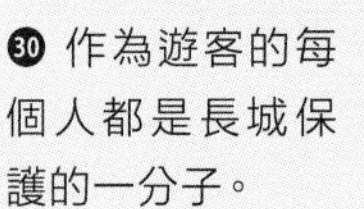

㉖ 企業不但捐助長城保護工程資金，還為長城研究注入新技術。

㉗ 截至 2016 年 10 月全國長城保護員人數達到 4650 人。

㉘ 民間的長城研究者做了許多角度新穎的研究。

㉙ 長城是很多藝術家的靈感來源，而他們的創作又讓更多人認識長城。

㉚ 作為遊客的每個人都是長城保護的一分子。

㉛ 長城沿線的村民會參與一些季節性的長城保養工作，如清理雜草樹木、撿拾整理磚塊。

㉜ 不論是線上捐款還是線下捐物，每個個人也都可以成為長城的捐助者。

6.5 長城旅遊指南

如今，我們都可以去哪裏看長城？

目前，中國有近百處長城景區，「不到長城非好漢」也依然在激勵着全球的旅行者。本圖基於一些比較適合遊覽的長城點段為你推薦7條主題路線，並分別設置了「打卡」成就。來一場轟轟烈烈的走遍長城的壯遊吧！

圖例

各時代長城

- 春秋戰國
- 秦漢
- 南北朝　金
- 明

5A 景區分級

景點

- 儲存較完整的綜合的長城景觀
- 以遺址為主的長城景觀
- 以城堡為主的長城景觀
- 以敵台和烽火台為主的長城景觀
- 長城附近有特色美食

有博物館

完成一個任務后就在這裏打勾吧！

線路 4

邊塞豪情

本條線路自然與文化氛圍十分濃厚，如能在參觀完甘肅省博物館、敦煌博物館等機構之後再去遊覽長城，體驗更深。由於區域內大漠攔路，建議跟團或自駕出行。

21 嘉峪關 5A
（幾乎是）明長城的最西端
在城牆上遠望祁連山

22 陽關 1A
絲綢之路上的重要節點
在現場背誦與陽關有關的詩詞一首

23 玉門關
小方盤城和大方盤城是這裏的主要遺址
在現場背誦與玉門關有關的詩詞一首

24 東大灣城
連成片的、未有太多開發的漢代古城
把這裏的雄壯告訴你的朋友

線路 3

三晉鼓角

「得朔州者得三晉，乃至得天下」。作為兵家必爭之地，這裏曾經發生了數不清的戰事。雖然本路線中長城景點較分散，但沿線有許多其它著名景點，可一併遊覽。

其他推薦景點：

19 娘子關堡

20 固關長城

14 雁門關 5A
可能是使用時間最長的關，渾身故事
了解至少一個發生在雁門關的故事

15 平型關
打游擊戰的好地段
參觀平型關大捷紀念館

16 守口堡長城
有許多形態各異的敵台和烽火台
找齊至少 10 座長城建築

17 王家岔—嵐漪鎮
罕見的南北朝北齊的長城遺址
沿着這段只剩碎石的長城走 1 千米

18 大同鎮城
位於大同市中心的長城遺跡
拍一張長城遺跡與現代建築的合影

線路 7

戈壁烽火

在新疆維吾爾自治區遼闊的戈壁灘上，星星點點地矗立着幾百座漢唐時期的巨大烽燧。由於大多數烽燧都尚未設立景區，加之交通不便、人跡罕至，通常只有學者或資深驢友才會專程來拜訪它們。

33 克孜爾尕哈烽燧
五層樓高的烽火台
到達、讚歎、分享、愛護

34 永豐鄉烽燧
距離烏魯木齊不遠的唐代烽火台
到達、讚歎、分享、愛護

35 連木沁大墩烽燧
時間為它殘留下了獨特的造型
到達、讚歎、分享、愛護

36 二塘溝烽燧
保存完整，呈完美的梯形
到達、讚歎、分享、愛護

37 阿拉溝戍堡
鎮守「一夫當關，萬夫莫開」的阿拉溝
到達、讚歎、分享、愛護

線路 5

黃土情結

黃土高原上的長城遺跡，自帶獨特的惆悵氣質，像信天游的唱腔。本路線的長城景點分散，推薦自駕遊覽。

其他推薦景點：

29 北岔口長城

30 雙廟村秦長城

25 鎮北台 4A
「天下第一台」
登鎮北台，俯瞰東北方向的款貢城

26 三關口長城
連綿不絕、令人震撼的明代殘牆
對比和同為明長城的八達嶺有何不同

27 清水營堡
矗立在黃土高原上的前朝古堡
在高處俯瞰清水營堡

28 牆頭村
陝西長城的東起點
看黃河兩岸的長城如何隔岸相望

線路 1

天子守邊

明代皇帝定都北京的原因之一，就是要「天子守邊」，因此，北京附近的長城遺存很密集，保存狀況更是全國最好的。這一區域的公共交通便利、旅遊設施齊全，適合各種類型遊客。

1 八達嶺長城 5A
最有名，遊客也最多
像國家元首一樣，在「貴賓地段」留影

2 慕田峪長城 5A
「老外」很多，比較秀美
把這裏所有的碑文都看一遍

3 金山嶺長城 4A
「萬里長城，金山獨秀」
捧着本書「觀察長城」一頁對號入座

4 司馬台長城 4A
比較安全的「野長城」，滄桑而壯美
夜遊長城，並以星空為背景拍攝長城

5 蟠龍山長城 2A
彷彿身經百戰的滄桑老兵，彈痕歷歷在目
尋找七勇士石碑（較危險，小心攀爬）

6 大境門 4A
古時漢族和北方民族的經貿重鎮
從「大好河山」門洞下穿過去

其他推薦景點：

7 居庸關長城
8 黃崖關長城
9 箭扣長城

線路 2

山海關外

東臨渤海，以觀長城。這條線路內有明長城的東起點，也有「海上長城」和「水上長城」等大膽、聰明而浪漫的設計。山海關附近的多個長城景區可以一次看個夠。

10 山海關 5A **老龍頭** 4A
「天下第一關」
在老龍頭上凝望大海

11 九門口長城
罕見的水上長城
漫步跨河城橋，追憶一片石大戰往昔

12 錐子山長城
因修繕引發爭議的野長城
注意安全，愛護長城，尋找精美石雕

13 虎山長城 4A
明長城在中國境內的東起點
站在萬里長城的最東端，向西方遠眺

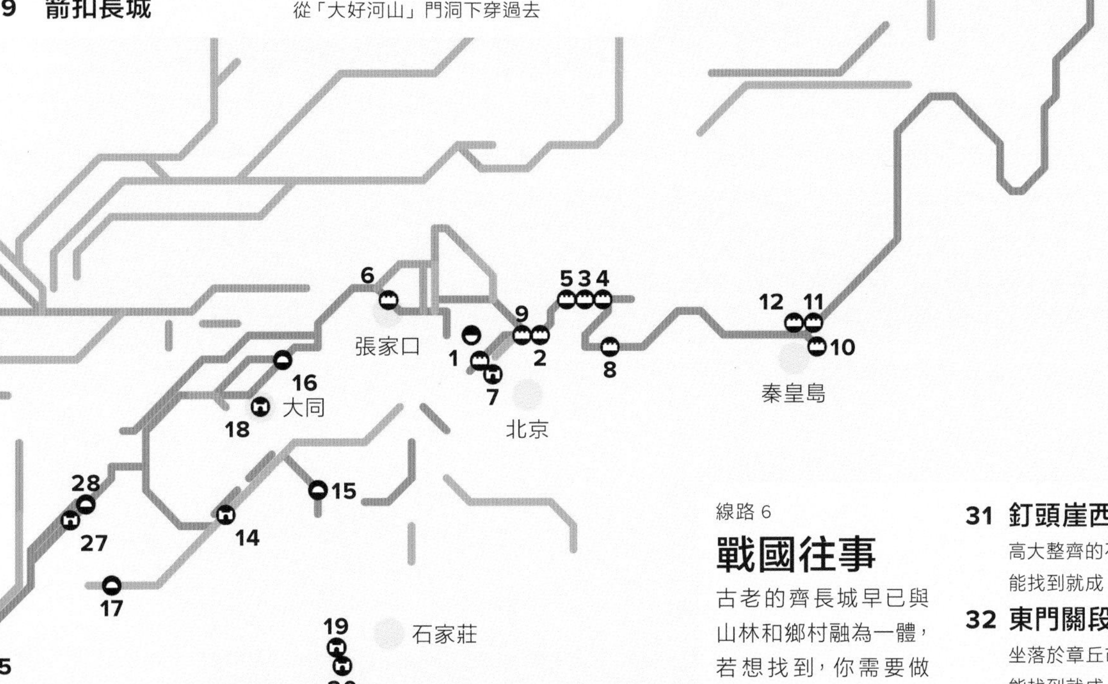

線路 6

戰國往事

古老的齊長城早已與山林和鄉村融為一體，若想找到，你需要做足功課。

31 釘頭崖西山齊長城
高大整齊的石牆，位於濟南市長清區
能找到就成

32 東門關段齊長城
坐落於章丘市和萊蕪市交界處的山脊上
能找到就成

吃在長城！

長城從來都沒有以美食聞名過，但這不意味着吃貨們會從長城空腹而歸，遊覽之餘可以試試這些特色美食：

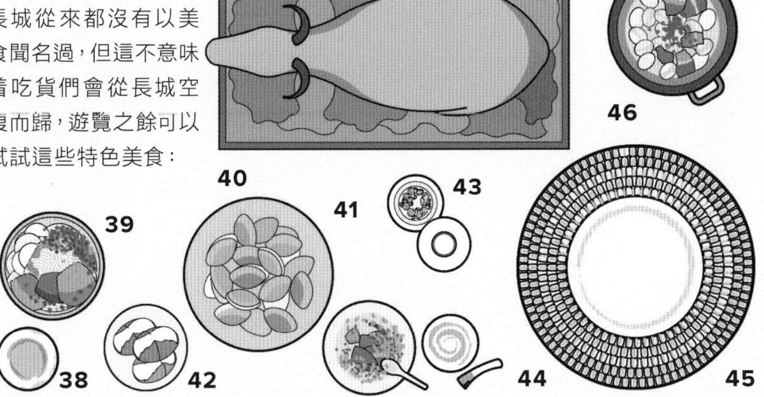

38 北京延慶火勺
明長城守將的同款口糧

39 甘肅蘭州牛肉拉麪
來一碗私人訂製牛肉麪吧！

40 內蒙阿拉善烤全羊
體驗遊牧民族的最愛

41 遼寧丹東黃蜆子
明長城邊上的海鮮

42 遼寧撫順蘇子葉餑餑
滿族傳統時令小吃

43 寧夏吳忠早茶
拉麪配早茶值得一試

44 山西解州羊肉泡
戰國魏長城下的傳統美味

45 甘肅金昌蓮花饃饃
麪點能有多少花樣？

46 陝西志丹圪坨羊腥湯
先吃羊肉再吃圪坨，入味！

6.6 重温長城

你能找到多少經典長城景觀呢？

看到這裏，相信你對長城已經有了不少新的認識。我們貪心地把全國各地一些經典的長城景觀都拼貼在這張圖上，你能從中找到哪些呢？你有沒有迫不及待地踏上實地探訪長城的旅程呢？

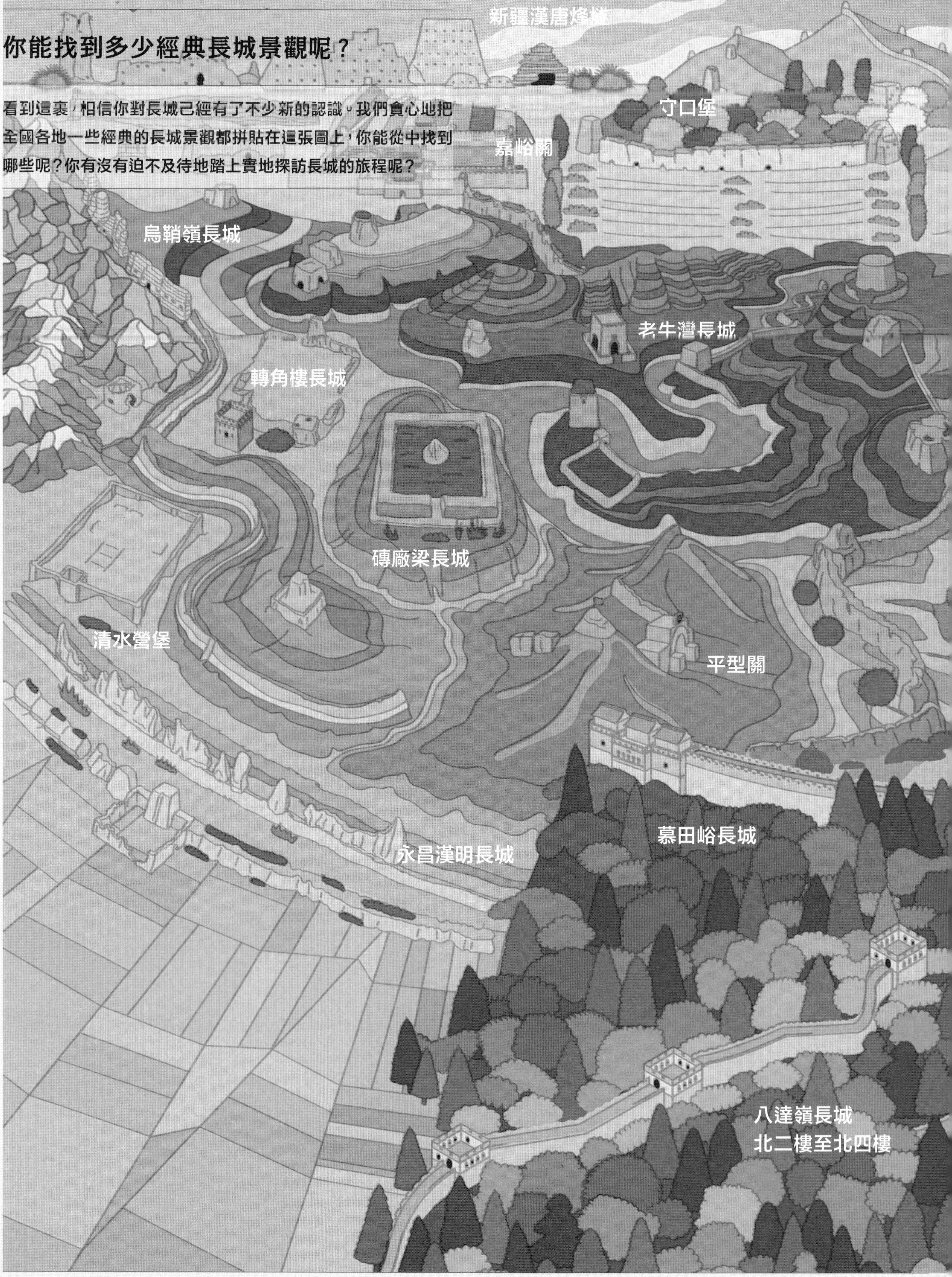

司馬台長城
蟠龍山雪景
金界壕
箭扣長城
板廠峪長城
九門口長城
居庸疊翠
山海關關城
山海關老龍頭
居庸關花海
齊長城

參考資料

這本書的完成，離不開專家學者們全面、翔實的研究，而你如果還希望進一步認識長城，可能也需要閱讀更多。所以我們將書中每一頁圖所參考的資料都相對詳細地列了出來。其中幾個多次被用到的資料或許也可以作為你的入門讀物——《中國長城志》是一套大部頭的介紹長城各個方面的志書，「中國長城遺產網」是基於長城資源調查而公開展示長城全線資源數據的官方網站，「長城小站」則是一個由民間長城愛好者通過各種渠道搜集整理出來的長城數據庫。

㈠ | 書籍

譚其驤主編，《中國歷史地圖集》，北京：中國地圖出版社，1996。

景愛，《中國長城史》，上海：上海人民出版社，2006。

中國文化遺產研究院編，《愛我中華 護我長城：長城保護(2006-2016)》，北京，文物出版社，2017。

董耀會、賈輝銘主編，《中國長城志·總述-大事記》，南京：江蘇鳳凰科學技術出版社，2016。

李孝聰、陳軍主編，《中國長城志·圖志》，南京：江蘇鳳凰科學技術出版社，2016。

李鴻賓、馬保春主編，《中國長城志·環境·經濟·民族》，南京：江蘇鳳凰科學技術出版社，2016。

張玉坤主編，《中國長城志·邊鎮·堡寨·關隘》，南京：江蘇鳳凰科學技術出版社，2016。

湯羽揚主編，《中國長城志·建築》，南京：江蘇鳳凰科學技術出版社，2016。

劉慶主編，《中國長城志·軍事》，南京：江蘇鳳凰科學技術出版社，2016。

孫志升、蘇軍禮主編，《中國長城志·文學藝術》，南京：江蘇鳳凰科學技術出版社，2016。

張玉坤主編，《長城·聚落叢書》，北京：中國建築工業出版社，2018。

王文進，《南朝山水與長城想像》，鄭州：河南人民出版社，2018。

王洪亮、張峯主編，《山西蘆芽山國家級自然保護區生物多樣性保護與管理》，北京：中國林業出版社，2017。

〈工程案例篇 明長城榆陽建安堡〉，《中國古建築行業年鑒》，中國建材工業出版社，2015。

孟憲利，《話說八達嶺與長城》，北京：人民郵電出版社，2014。

張曉東，《嘉峪關城防研究》，蘭州：甘肅文化出版社，2013.

邢韶華主編，《北京市霧靈山自然保護區綜合科學考察報告》，北京：中國林業出版社，2013。

佘正松，《邊塞詩選》，南京：鳳凰出版社，2012。

王小明主編，《寧夏賀蘭山國家級自然保護區綜合科學考察》，北京：陽光出版社，2011。

董進，《Q版大明衣冠圖誌》，北京：北京郵電大學出版社，2011。

魏兵，《中國兵器甲冑圖典》，北京：中華書局，2011。

王麗梅，〈淺析居庸關雲台雕塑的價值意義〉，中國明史學會、河北省燕趙文化研究會、中共遷西縣委、遷西縣人民政府編，《明代薊鎮文化學術研討會論文集》，2010。

吳三雄、袁海峯主編，《甘肅敦煌西湖國家級自然保護區科學考察報告》，北京：中國林業出版社，2010。

高小華，〈居庸關修復工程概要〉，中國明史學會、北京十三陵特區辦事處編，《明長陵營建600周年學術研討會論文集》，2009。

Andrew T. Smith，解焱主編，《中國獸類野外手冊》，長沙：湖南教育出版社，2009。

艾紹強，《絕版中國——誰毀了我們的長城》，北京：工人出版社：2008。

《南方都市報》編，《長城真相調查》，廈門：鷺江出版社，2008。

中國人民革命軍事博物館編著，《中國戰爭史地圖集》，北京：星球地圖出版社，2007。

李鳳山，《長城與民族》，北京：中央民族大學出版社，2006。

劉永華，《中國古代軍戎服飾》，上海：上海古籍出版社，2003。

山西大學歷史系中國古代史教研室編製，《中國歷史大系表》，太原：山西人民出版社，2001。

王鍾翰主編，《中國民族史》，北京：中國社會科學出版社，1994。

北京市古代建築研究所、密雲縣文化文物局編，《司馬台長城》，北京：北京燕山出版社，1992。

韓盼山，《中國歷代長城詩詞選》，北京：中國青年出版社，1991。

孔繁敏，《歷代名人詠長城》，北京：北京大學出版社，1990。

遼寧省檔案所、遼寧社會科學院歷史研究所彙編，《明代遼東檔案彙編》，沈陽：遼沈書社，1985。

茅元儀輯，《武備志》，台北：華世出版社，1984。

台灣三軍大學編著，《中國歷代戰爭史》，北京：軍事譯文出版社，1983；沈弘編譯，北京：北京時代華文書局，2014。

宿白，《藏傳佛教寺院考古》，北京：文物出版社，1996。

Stephen Turnbull, Steve Noon, *The Great Wall of China: 221BC-1644 AD*, Osprey Publishing,2007.

二｜期刊論文

趙陽陽，《明代固原鎮研究》，陝西師範大學博士學位論文，2017。

曹迎春、張玉坤、李嚴，〈明長城軍事防禦聚落體系大同鎮烽傳系統空間佈局研究〉，《新建築》，2017。

王明江、周松，〈明洪武時期河州地區官營茶馬貿易研究〉，《地方文化研究》，2017。

舒時光、鄧輝、吳承忠，〈明後期延綏鎮長城沿線屯墾的時空分佈特徵〉，《地理研究》，2016。

范熙晅、張玉坤，〈明代長城沿線明蒙互市貿易市場空間佈局探析〉，《城市規劃》，2016。

白錦榮、張愛軍，〈基於紅外觸發相機先進技術的小五台山物種多樣性調查〉，《河北林業科技》，2016。

伍毅，〈從古代文獻看明代官辦磚窯的制度構建〉，浙江大學碩士學位論文，2015。

薛程，〈秦漢時期長城牆體構築工藝研究〉，《秦漢研究》，2015。

郭棟，《地理因素影響下明薊鎮長城防禦體系研究》，天津大學碩士學位論文，2014。

張依萌，〈明長城磚砌空心敵台類型與分期研究〉，《故宮博物院院刊》，2019。

張依萌、李大偉，〈金塔縣長城破壞風險影響因素調查與研究〉，《中國文物科學研究》，2014。

劉靜，〈居庸關雲台天王腳下鬼怪形象考辨〉，《美苑》，2014。

郭星，《明蒙關係研究》，四川師範大學碩士學位論文，2014。

付晶瑩、江東、黃耀歡，《中國公里網格 2010 年人口分佈》，中國社會科學院，2012。

張珊珊，《明代薊鎮長城預警系統研究》，內蒙古大學碩士學位論文，2013。

楊維，《明代北方五省民運糧研究》，遼寧師範大學碩士學位論文，2013。

阮淵博，《遼寧省明長城建造特點研究》，北京建築工程學院碩士學位論文，2012。

馬建軍，〈寧夏境內現存古長城的構築方式探述〉，《中國長城博物館》，2012。

高興旺，〈從金山嶺長城看長城敵樓的建築形制〉，《中國文物報》，2012。

劉昭禕，《長城與水的關係研究》，北京建築工程學院碩士學位論文，2012。

白貴斌，《苔蘚及地衣對涼州明長城的保護作用研究》，蘭州大學碩士學位論文，2012。

趙凡、姚雪，〈陝北建安堡病害調查與成因分析〉，《延安大學學報（社會科學版）》，2012。

趙現海，〈近代以來西方世界關於長城形象的演變、記述與研究——一項「長城文化史」的考察〉，《暨南學報（哲學社會科學版）》，2015。

劉瑞，〈山海關關城西門、北門甕城遺址保護構想〉，《文物春秋》，2011。

王苗苗，《明蒙互市貿易述論》，中央民族大學碩士學位論文，2011。

張永江，〈明大同鎮長城、邊堡興築考〉，《魯東大學學報（哲學社會科學版）》，2010。

景愛，〈關於長城附屬設施調查的有關問題〉，《中國文物科學研究》，2007。

李嚴，〈明長城「九邊」重鎮軍事防禦性聚落研究〉，天津大學博士學位論文，2007。

李大偉，《明代榆林鎮沿邊屯田與環境變化關係研究》，陝西師範大學博士學位論文，2006。

上官緒智、黃今言，〈漢代烽燧中的信息器具與烽火品約置用考論〉，《社會科學輯刊》，2004。

寧夏文物考古研究所，〈寧夏鹽池縣古長城調查與試掘〉，《考古與文物》，2000。

〈50 年來山海關長城的保護和利用〉，《文物春秋》，1999。

晚學、翟良富，〈遷西大嶺寨明長城「左一」窯發掘簡報〉，《文物春秋》，1998。

顧鐵山，〈大嶺寨明長城左三窯的發現及其研究〉，《文物春秋》，1996。

許樹安，〈從歷史文獻看漢代的烽燧制度和候望系統〉，《文獻》，1982。

田曉岫，〈藏族族稱考〉，《民族研究》，1977。

㊂ | 網絡資源

中國長城遺產網：http://www.greatwallheritage.cn/CCMCMS/

中國文化遺產研究院長城資源調查項目：http://www.cach.org.cn/tabid/161/Default.aspx

國家文物局明長城資源調查： http://www.sach.gov.cn/col/col256/index.html

長城小站：http://www.thegreatwall.com.cn

中華人民共和國文化與旅遊部官網：https://www.mct.gov.cn/

中國科學院資源環境科學數據中心：http://www.resdc.cn

國家知識產權局商標局 中國商標網：http://sbj.saic.gov.cn/

國家文物局公佈遼寧綏中錐子山長城大毛山段搶險工程調查情況：http://www.sach.gov.cn/art/2016/9/27/art_722_133803.html

張保田：《山海關孤版歷史照片研究判定》：http://www.wallstime.com/archives/14988

Agnew, Neville, ed. 2010, Conservation of Ancient Sites on the Silk Road: Proceedings of the Second International Conference on the Conservation of Grotto Sites, Mogao Grottos, Dunhuang, People's Republic of China, june28-July 3,2004. Los Angeles, CA: Getty Conservation Institute. http://hdl.handle.net/10020/gci_pubs/2nd)silkroad

百年回望：100多年前的八達嶺長城是這樣的，你看過嗎？：http://wemedia.ifeng.com/53611232/wemedia.shtml

長城有料：長城的大近視：http://www.sohu.com/a/148628496_658345

司馬遷，《史記》：http://www.shicimingju.com/book/shiji.html

班固，《漢書》：http://www.shicimingju.com/book/hanshu.html

荀悅，《前漢紀》：http://www.guoxue123.com/shibu/0101/01qhj/index.html

袁宏，《後漢紀》：http://www.shicimingju.com/book/houhanji.html

范曄等，《後漢書》： http://www.shicimingju.com/book/houhanshu.html

魏徵等，《隋書》：http://www.shicimingju.com/book/suishu.html

司馬光，《資治通鑒》：http://www.guoxue.com/shibu/zztj/zztjml/htm

《明太宗實錄》：http://www.www.cssn.cn/sjxz/xsjdk/zgjd/sb/jsbml/mtzsl_14480/

孔尚賢，《大明穆宗莊皇帝實錄》：https://ctext.org/wiki.pl?if=en&res=838914&remap=gb

張廷玉主編，《明史》：http://www.shicimingju.com/book/mingshi.html

趙爾巽，《清史稿》：http://www.guoxue123.com/shibu/0101/00qsg/index.html

搜韻：http://www.sou-yun.com

TIMETREE: http://www.timotroo.org/

谷歌地球

Songyizhe 整理，長城小站長城遙感與測量論壇，Google Earth 長城聚落位置數據，2014。

高德地圖，北京全市路網數據，2019。

大眾點評網，北京全市商業經營場所位置數據，2018

馬蜂窩：http://www.mafengwo.cn/

㊃ | 其他

寰宇全球地圖冊：中國地圖；Harvard Map Collection, Harvard Library

Atlas Maior 地圖冊：中國山西地圖；National Library of Scotland

中國長城局部：古北口；Martyn Gregory, London

20世紀初的長城明信片

致謝

長城如此特別、如此重要，能夠有機會設計並繪製這樣一本圖解長城的科普讀物，我們深感榮幸。而整個創作的過程，對我們來說好似一趟精彩的旅程，直到成稿也仍然意猶未盡。這一切之所以成為可能，離不開騰訊公益慈善基金會和中國文物保護基金會對我們的信任。當騰訊公益慈善基金會的馬堯先生第一次提出長城信息繪本的想法時，我們一拍即合。在之後的項目進程中，他與中國文物保護基金會的尉舒雅女士為我們提供了及時且全方位的支持。而他們本身也都是熱愛長城之人，這使我們的合作更加順暢。

《長城繪》的表現形式是繪本，而其中大量有關長城的知識則是它的內核。在內容方面，我們有幸獲得了很多長城專業研究者的幫助。尤其要感謝中國文化遺產研究院的張依萌先生、北京市文物研究所的尚珩先生和陝西省文物保護研究院的李大偉先生。每次與他們切磋之後，我們都能獲得很多專業的建議和發散性的啟發。更重要的是，他們所表現出的對長城的投入甚至癡迷，會激勵我們努力把書做得更好。中央民族大學的李鴻賓老師和河北省古代建築保護研究所的次立新老師，也從各自的專業角度，給予了我們很多幫助。

最後，還要感謝負責本書出版的中國國家地理圖書團隊，特別是本書的策劃編輯喬琦女士和地圖編輯程遠先生。《長城繪》的形式特殊、內容龐雜，為他們的編輯工作帶去了諸多困難。是他們的理解、耐心以及高效、高質量的工作，才使本書能以這樣的品質呈現在您的面前。

帝都繪工作室

帝都繪工作室是一個年輕的根植於北京的設計創意團隊，致力於關於城市的研究、設計和公眾傳播。工作室的項目涵蓋信息可視化設計、城市研究、空間設計、繪本製作及城市科普教育等多個領域。帝都繪希望通過信息設計探究並解釋城市與建築，讓更多人認識並理解自己生活的地方。

參與本書設計、繪製的全體團隊成員有：宋壯壯、李明揚、卓嘉琪、張璡、王臻真、姚淵、趙瑋雯、呂玥明、楊雨晴、甘草、武健昂、段嘉潤。

「保護長城，加我一個」項目

「保護長城，加我一個」項目是 2016 年 9 月由中國文物保護基金會與騰訊公益慈善基金會共同發起並延續至今的關於長城保護與傳播的大型公益項目。自 2016 年起，有騰訊公益慈善基金會先後捐贈 3500 萬元，與中國文物保護基金會共同成立了長城保護公益專項基金。在這個專項基金的支持下，「保護長城，加我一個」項目得以順利開展。項目資金除了支持包括位於北京箭扣長城和河北喜峯口長城的兩段長城本體修繕項目外，雙方基金會還發揮各自優勢，在長城保護、長城文化傳播、公眾參與、科技助力長城修繕保護、長城保護理論研究等領域開展了一系列積極有效的合作與嘗試。包括您手中的《長城繪》也是這一大型公益項目的成果之一。我們誠摯地希望您能喜歡這本書，希望您能關注並喜愛長城，進而參與到「保護長城，加我一個」公益項目中。

中國文物保護基金會
騰訊公益慈善基金會

長城繪

INFO-
GRAPHICS
OF THE
GREAT WALL

責任編輯　楊歌
裝幀設計　曦成製本（陳曦成、焦泳琪）
排　　版　曦成製本（陳曦成、焦泳琪）
印　　務　劉漢舉

作　　者　帝都繪工作室

出　　版　中華教育
香港北角英皇道 499 號北角工業大廈一樓 B
電　　話　(852) 2137 2338
傳　　真　(852) 2713 8202
電子郵件　info@chunghwabook.com.hk
網　　址　http://www.chunghwabook.com.hk

發　　行　香港聯合書刊物流有限公司
香港新界荃灣德士古道 220-248 號
荃灣工業中心 16 樓
電　　話　(852) 2150 2100
傳　　真　(852) 2407 3062
電子郵件　info@suplogistics.com.hk

印　　刷　美雅印刷製本有限公司
香港觀塘榮業街 6 號海濱工業大廈 4 樓 A 室

版　　次　2020 年 11 月第 1 版第 1 次印刷

規　　格　大 16 開（285 mm×210 mm）

ISBN　9789888676569